高等职业教育系列教材

Protel DXP 2004 SP2 印制
电路板设计教程

主　编　郭　勇

副主编　吴荣海

参　编　蒋建军

机 械 工 业 出 版 社

本书主要介绍了使用 Protel DXP 2004 SP2 进行印制电路板(Printed Circuit Board,PCB)设计应具备的知识,包括原理图设计、印制电路板设计及元件库设计等。全书通过对实际产品 PCB 的解剖和仿制,突出案例的实用性、综合性和先进性,使读者能迅速掌握软件的基本应用,具备 PCB 的设计能力。全书内容丰富,配合案例由浅入深,逐步提高读者的设计能力。每章后均配备了详细的实训项目,便于读者操作练习。

本书可作为高等职业院校电子类、电气类、通信类、机电类等专业的教材,也可作为职业技术教育、技术培训及从事电子产品设计与开发的工程技术人员学习 PCB 设计的参考书。

图书在版编目(CIP)数据

Protel DXP 2004 SP2 印制电路板设计教程/郭勇主编.—北京:机械工业出版社,2009.4(2024.3 重印)
(高等职业教育系列教材)
ISBN 978-7-111-26608-2

Ⅰ.P⋯ Ⅱ.郭⋯ Ⅲ.印刷电路-计算机辅助设计-应用软件,Protel DXP 2004-高等学校:技术学校-教材 Ⅳ.TN410.2

中国版本图书馆 CIP 数据核字(2009)第 040216 号

机械工业出版社(北京市百万庄大街 22 号 邮政编码 100037)
责任编辑:王 颖
责任印制:常天培

北京中科印刷有限公司印刷

2024 年 3 月第 1 版·第 24 次印刷
184mm×260mm·15 印张·367 千字
标准书号:ISBN 978-7-111-26608-2
定价:39.90 元

高等职业教育系列教材
电子类专业编委会成员名单

出版说明

《国家职业教育改革实施方案》（又称"职教20条"）指出：到2022年，职业院校教学条件基本达标，一大批普通本科高等学校向应用型转变，建设50所高水平高等职业学校和150个骨干专业（群）；建成覆盖大部分行业领域、具有国际先进水平的中国职业教育标准体系；从2019年开始，在职业院校、应用型本科高校启动"学历证书+若干职业技能等级证书"制度试点（即1+X证书制度试点）工作。在此背景下，机械工业出版社组织国内80余所职业院校（其中大部分院校入选"双高"计划）的院校领导和骨干教师展开专业和课程建设研讨，以适应新时代职业教育发展要求和教学需求为目标，规划并出版了"高等职业教育系列教材"丛书。

该系列教材以岗位需求为导向，涵盖计算机、电子、自动化和机电等专业，由院校和企业合作开发，多由具有丰富教学经验和实践经验的"双师型"教师编写，并邀请专家审定大纲和审读书稿，致力于打造充分适应新时代职业教育教学模式、满足职业院校教学改革和专业建设需求、体现工学结合特点的精品化教材。

归纳起来，本系列教材具有以下特点：

1）充分体现规划性和系统性。系列教材由机械工业出版社发起，定期组织相关领域专家、院校领导、骨干教师和企业代表召开编委会年会和专业研讨会，在研究专业和课程建设的基础上，规划教材选题，审定教材大纲，组织人员编写，并经专家审核后出版。整个教材开发过程以质量为先，严谨高效，为建立高质量、高水平的专业教材体系奠定了基础。

2）工学结合，围绕学生职业技能设计教材内容和编写形式。基础课程教材在保持扎实理论基础的同时，增加实训、习题、知识拓展以及立体化配套资源；专业课程教材突出理论和实践相统一，注重以企业真实生产项目、典型工作任务、案例等为载体组织教学单元，采用项目导向、任务驱动等编写模式，强调实践性。

3）教材内容科学先进，教材编排展现力强。系列教材紧随技术和经济的发展而更新，及时将新知识、新技术、新工艺和新案例等引入教材；同时注重吸收最新的教学理念，并积极支持新专业的教材建设。教材编排注重图、文、表并茂，生动活泼，形式新颖；名称、名词、术语等均符合国家有关技术质量标准和规范。

4）注重立体化资源建设。系列教材针对部分课程特点，力求通过随书二维码等形式，将教学视频、仿真动画、案例拓展、习题试卷及解答等教学资源融入到教材中，使学生学习课上课下相结合，为高素质技能型人才的培养提供更多的教学手段。

由于我国高等职业教育改革和发展的速度很快，加之我们的水平和经验有限，因此在教材的编写和出版过程中难免出现疏漏。恳请使用本系列教材的师生及时向我们反馈相关信息，以利于我们今后不断提高教材的出版质量，为广大师生提供更多、更适用的教材。

机械工业出版社

前　言

Protel DXP 2004 SP2 是一款功能强大、简单易学的印制电路板（PCB）设计软件，它将常用的设计工具集成于一身，可以实现从最初的项目模块规划到最终的生产加工文件的形成的整个设计过程，是目前国内流行的电子设计自动化（Electronic Design Automatic，EDA）软件。

本书主要介绍了 Protel DXP 2004 SP2 的印制电路板设计功能，通过实际产品的 PCB 解剖和仿制，突出案例的实用性、综合性和先进性，使读者能迅速掌握软件的基本应用，具备 PCB 的设计能力。

本书具有以下特点：

1）采用 Protel DXP 2004 SP2 自带的中文操作界面进行介绍，提高读者的学习效率。

2）根据实际产品的解剖，介绍 PCB 的布局、布线原则和设计方法，重点突出布局、布线的原则说明，使读者能设计出合格的 PCB。

3）采用低频矩形 PCB、高密度 PCB、异形 PCB、高频 PCB、模数混合 PCB 和贴片双面 PCB 等实际产品案例全面介绍常用类型的 PCB 设计方法。

4）全书内容丰富，案例由浅入深，逐步提高读者的设计能力。

5）每章后均配备了详细的实训项目，便于读者操作练习。

全书共 6 章，主要内容有 Protel 2004 设计入门、原理图设计、原理图元器件设计、PCB 设计基础、PCB 手工布线、PCB 自动布线及 14 个实训项目。总学时建议为 60 学时，其中讲授 24 学时，实训 36 学时，有条件的院校建议安排一周项目实训。

课程安排上建议安排在《计算机应用基础》、《电工基础》、《电子线路》及整机电路之后讲授。

本书由郭勇担任主编，吴荣海担任副主编，蒋建军参编，其中第 1、2 章由吴荣海编写，第 3 章由蒋建军编写，第 4~6 章由郭勇编写，最后由郭勇统编全书。本书编写过程中企业专家郭贤发、朱铭、林巧娥等参与了项目的设计工作，精品课程建设小组成员卓树峰、程智宾、韦龙新、林火养、李秋珍参加了项目研讨工作。在此表示感谢。

本书由杨元挺担任主审。

本书可作为高等职业院校电子类、电气类、通信类、机电类等专业的教材，也可作为职业技术教育、技术培训及从事电子产品设计与开发的工程技术人员学习 PCB 设计的参考书。

本书中有些电路图为了保持与软件的统一性，使用了软件中的电路符号标准及文字描述标准，部分电路符号与国标不符，附录中给出了软件电路符号与国标的对照表。

由于编者水平有限，书中难免存在不足之处，恳请广大读者批评指正。

为了配合教学，本书为读者提供了电子教案，可从机械工业出版社网站 www.cmpedu.com 下载。

编　者

目　录

第1章　Protel DXP 2004 SP2 设计入门

本章要点

● Protel DXP 2004 SP2 软件安装
● Protel DXP 2004 SP2 软件基本应用

20 世纪 80 年代以来,我国电子工业取得了长足的进步,现已进入一个新的发展时期。随着微电子技术和计算机技术的不断发展,在涉及通信、国防、航天、工业自动化、仪器仪表等领域的电子系统设计工作中,EDA(Electronic Design Automatic,电子设计自动化)的技术含量正以惊人的速度上升,它已成为当今电子技术发展的前沿之一。

电子线路的设计一般要经过设计方案提出、验证和修改 3 个阶段,有时甚至需要经历多次反复,传统的设计方法一般是采用搭接实验电路的方式进行,这种方法费用高、效率低。随着计算机的发展,某些特殊类型电路的设计可以通过计算机来完成,但目前能实现完全自动化设计的电路类型不多,大部分情况下要以"人"为主体,借助计算机完成设计任务,这种设计模式称作计算机辅助设计(Computer Aided Design,CAD)。

EDA 技术是计算机在电子工程技术上的一项重要应用,是在电子线路 CAD 技术基础上发展起来的计算机设计软件系统,它是计算机技术、信息技术和 CAM(计算机辅助制造)、CAT(计算机辅助测试)等技术发展的产物。利用 EDA 工具,电子设计师可以从概念、算法、协议等开始设计电子系统,大量工作可以通过计算机完成,并可以将电子产品从电路设计、性能分析、器件制作到设计印制电路板的整个过程在计算机上自动处理完成。

本书主要介绍印制电路板(Printed Circuit Board,PCB)的计算机辅助设计,它是 EDA 技术中的一部分,采用的设计软件为 Protel DXP 2004 SP2。

1.1　PCB 设计简介

图 1-1 所示为一块硬盘印制电路板实物图,从图上可以看到各种元器件、集成电路芯片、PCB 走线、接口及焊盘等,这种上面有电阻、电容、二极管、三极管、集成电路芯片、接插件、PCB 走线以及焊盘等的板子即为印制电路板。

学习 PCB 设计的最终目的就是完成印制电路板的设计。

PCB 设计流程主要如下。

1) 设计原理图。利用 Protel DXP 2004 SP2 提供的各种原理图设计工具和各种编辑功能,完成原理图的设计工作。

2) 产生网络表。网络表是联系原理图和 PCB 之间的纽带,一般在原理图设计完毕要产生网络表文件,它是原理图设计的结束,也是 PCB 设计的开始。

3) PCB 设计。通过网络表调用原理图中的元器件,合理地进行布局,并进行 PCB 布线,实现 PCB 设计。

图 1-1　硬盘印制电路板实物图

1.2　Protel DXP 2004 SP2 简介

随着电子信息技术的发展及大规模、超大规模集成电路的使用,印制电路板的设计愈加复杂和精密,各厂商推出了各种的电子线路 CAD 软件,Protel 是进入我国较早的 CAD 软件之一,目前已成为众多电子设计者的首选入门软件。

1.2.1　Protel 的发展历史

1988 年,美国 Accel Technology 公司推出了 Tango 软件,它由电路原理图设计软件 Tango-Schematic 和印制电路板设计软件 Tango-PCB 组成,由于 Tango 软件包简单实用,对计算机软硬件的配置要求不高,曾广泛流行。

随后几年,澳大利亚 Protel Technology 公司在 Tango 软件的基础上推出了 Protel for DOS 软件,奠定了 Protel 家族的基础。

20 世纪 90 年代初,随着计算机技术的发展,Windows 操作系统的普及,Protel 公司研制开发了第一个基于 Windows 操作系统的 PCB 设计工具——Protel for Windows ,开创了 EDA Client/Server 模式(C/S 模式)。

20 世纪 90 年代中期,Protel Technology 公司推出了基于 Windows 95 操作系统的 3. X 版本,是 16 位和 32 位的混合型软件,但自动布线功能不够强大。

1998 年,Protel 公司推出了基于 Windows 95/NT 的 Protel 98,将原理图设计、印刷电路板设计、自动布线和电路仿真系统等集成一起,成为一款流行的 EDA 软件。

1999 年,Protel 公司推出了新一代 EDA 软件——Protel 99 和 Protel 99 SE,增加了信号完整性分析等技术,得到了迅速的推广,目前仍广泛使用。

进入 21 世纪,Protel 公司整合了数家电路设计软件公司,正式更名为 Altium,成为世界上名列前矛的电路设计软件公司。

2002 年,Altium 公司推出了 Protel DXP,在仿真和自动布线方面有了较大的提高。

2004 年,Altium 公司推出了 Protel DXP 2004 SP2,大大提高了布线的成功率和准确率,并全面支持 FPGA(现场可编程门阵列)设计技术。

1.2.2　Protel DXP 2004 SP2 的特点

Protel DXP 2004 SP2 是一款基于 Windows NT/2000/XP 操作系统的完整板级设计软件,它集成了 FPGA 设计功能,从而允许工程师能将系统设计中的 FPGA 与 PCB 设计集成在一起。Protel DXP 2004 SP2 以强大的设计输入功能为特点,在 FPGA 和板级设计中同时支持原理图输入和 HDL 输入模式;同时支持基于 VHDL 的设计仿真、混合信号电路仿真和布局前后信号完整性分析。Protel DXP 2004 SP2 的布局布线采用完全规则驱动模式,并且在 PCB 布线中采用了无网格的 SitusTM 拓扑逻辑自动布线功能,同时将完整的 CAM 输出功能的编辑结合在一起。其主要特点如下。

1)支持最多 32 个信号层,16 个电源地线层和 16 个机械层。

2)强大的前端将多层次、多通道的原理图输入、混合信号仿真、VHDL 开发和功能仿真及布线前信号完整性分析结合起来。

3)支持高速电路设计,具有成熟的布线后信号完整性分析工具;提供完善的混合信号仿真、布线前后的信号完整性分析功能。

4)交互式编辑、出错查询、布线,具备可视化功能,从而能更快地实现 PCB 布局。

5)提供了对高密度封装(如 BGA)的交互布线功能。

6)具有 PCB 和 FPGA 之间的全面集成,从而实现了自动引脚优化和较好的布线效果。

7)引入了以 FPGA 为目标的虚拟仪器,当其与 LiveDesign-enabled 硬件平台 NanoBoard 结合时,用户可以快速、交互地实现和调试基于 FPGA 的设计。

8)支持 Protel 98/Protel 99/Protel 99 SE/Protel DXP,并提供对 Protel 99 SE 下创建的 DDB 文件导入功能;支持 OrCad、PADS、AutoCAD 和其他软件的文件导入和导出功能。

9)完整的 ODB + +/Gerber CAM 系统使得用户可以重新编辑原有的设计,弥补设计和制造之间的差异。

10)SP2 以上版本支持多种语言(中文、英文、德文、法文、日文)。

1.3　Protel DXP 2004 SP2 软件安装

1.3.1　Protel DXP 2004 安装

1)将 Protel DXP 2004 安装盘放入光驱,系统自动弹出安装向导界面,如图 1 - 2 所示。如果光驱没有自动执行,可以运行安装盘下 SETUP 目录中的 setup. exe 进行安装。

2)单击"Next"按钮,屏幕弹出使用许可说明,如图 1 - 3 所示。选中"I accept the license agreement"后单击"Next"按钮进入下一步。

3)单击"Next"按钮,屏幕弹出图 1 - 4 所示的用户信息对话框,在"Full Name"栏中输入用户名,在"Organization"栏中输入公司名称。

4)单击"Next"按钮,屏幕弹出图 1 - 5 所示的对话框,提示用户指定软件安装的路径,单击"Browse"按钮可以设置安装路径。

5）设置完毕，单击"Next"按钮，屏幕弹出准备安装软件对话框，如图 1-6 所示。

6）单击"Next"按钮，向导程序会继续引导安装，系统安装结束，屏幕弹出图 1-7 所示的对话框，提示安装完毕，单击"Finish"按钮结束安装，至此 Protel DXP 2004 软件安装完毕。

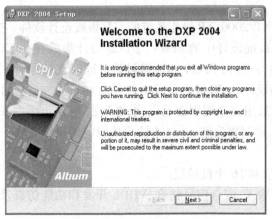

图 1-2　Protel 2004 安装初始界面

图 1-3　许可说明

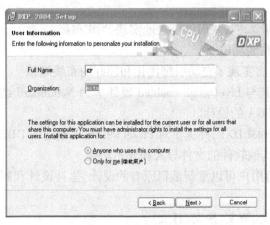

图 1-4　用户信息

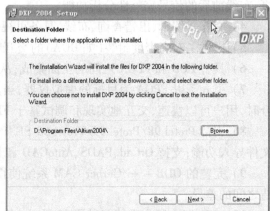

图 1-5　安装路径

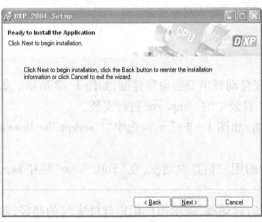

图 1-6　准备安装

图 1-7　安装结束

1.3.2 Protel DXP 2004 SP2 升级包安装

Protel DXP 2004 的正版用户可以从 Altium 公司的网站 www.altium.com 下载 SP2 升级包对软件进行升级。下载完 SP2 升级包后进行安装，屏幕出现安装界面，稍后弹出图 1−8 所示的安装许可协议。

单击"I accept the terms of the End-User License agreement and wish to CONTINUE"，选择安装路径窗口，如图 1−9 所示，选择已安装的 Protel 2004 的路径后，单击"Next"按钮继续安装，直至安装结束。

图 1−8 许可协议

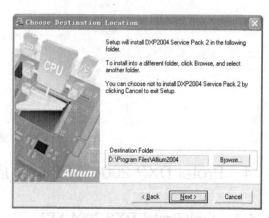
图 1−9 选择安装路径

1.3.3 激活 Protel DXP 2004 SP2 软件

执行"开始"→"程序"→"Altium"→"DXP 2004"进入 Protel DXP 2004 SP2，屏幕弹出 DXP软件许可窗口，如图 1−10 所示。

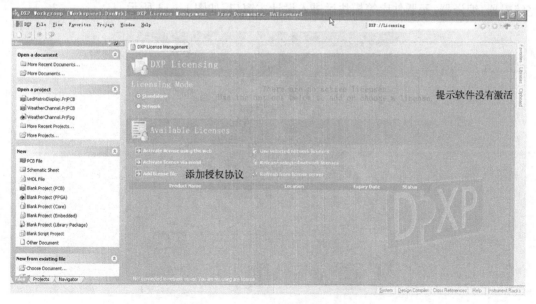
图 1−10 DXP 软件许可窗口

5

此时安装完的 Protel DXP 2004 SP2 还未激活,无法正常使用。

单击"Add license file"按钮,屏幕弹出图 1 - 11 所示的选择协议文件窗口,选择公司提供的用户使用授权协议文件(* . alf)后,单击"打开"按钮,完成激活。

至此,Protel DXP 2004 SP2 软件激活,可以正常使用。

图 1 - 11　选择协议文件

1. 4　Protel DXP 2004 SP2 软件应用初步

1. 4. 1　启动 Protel DXP 2004 SP2

启动 Protel DXP 2004 SP2 有两种常用方法,具体如下。

1) 在"开始"菜单中,单击 DXP 2004 快捷方式图标 DXP 2004,启动 Protel DXP 2004 SP2。

2) 执行"开始"→"程序"→"Altium"→"DXP 2004",启动 Protel DXP 2004 SP2。

启动程序后,屏幕出现 Protel DXP 2004 SP2 的启动界面,如图 1 - 12 所示。系统自动加载完编辑器、编译器、元器件库等模块后进入设计主窗口,如图 1 - 13 所示。

图 1 - 12　Protel DXP 2004 SP2 启动界面

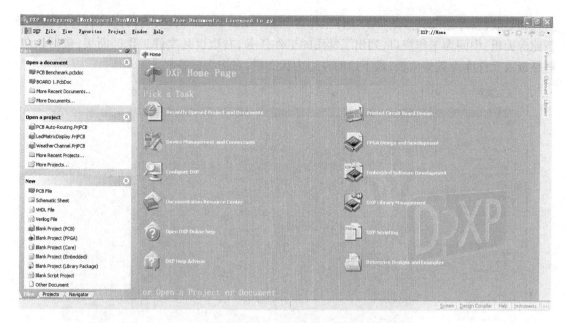

图 1 – 13 Protel DXP 2004 SP2 英文设计主窗口

1.4.2 Protel DXP 2004 SP2 中英文界面切换

Protel DXP 2004 SP2 默认的设计界面为英文,但 Protel DXP 2004 SP2 软件支持中文菜单方式,可以在"Preferences(优先设定)"中进行中英文菜单切换。

在图 1 – 13 所示的主界面中,单击左上角的"DXP"菜单,屏幕出现一个下拉菜单,如图 1 – 14 所示,选择"Preferences"子菜单,屏幕弹出"Preferences"对话框,在"DXP System"下选择"General"选项,在对话框正下方"Localization"区中,选中"Use localized resources"前面的复选框后,单击"Apply"按钮完成界面转换,如图 1 – 15 所示。设置完毕,关闭 Protel DXP 2004 SP2 并重新启动后,系统的界面就更换为中文界面,如图 1 –16 所示。

图 1 – 14 DXP 菜单

图 1 – 15 设置中文界面

在 Protel DXP 2004 SP2 中文主窗口下,选择菜单"DXP"→"优选设定",在弹出对话框的"本地化"区中取消"使用本地化的资源"的复选框,单击"适用"按钮,关闭并重新启动 Protel DXP 2004 SP2 后,系统恢复为英文界面。

1.4.3 Protel DXP 2004 SP2 的工作环境

1. Protel DXP 2004 SP2 主窗口

启动 Protel DXP 2004 SP2 后屏幕出现图 1 –16 所示的主窗口,主窗口的上方为菜单栏、工

7

具栏和导航栏;左边为树形结构的文件工作区面板(Files Panels),包括打开文档、打开项目及新建等面板;中间为工作窗口,列出了常用的工作任务;右边也是文件工作区面板,包括收藏、剪贴板及元件库设置等面板;最下边的左边为状态栏,右边为标签栏。

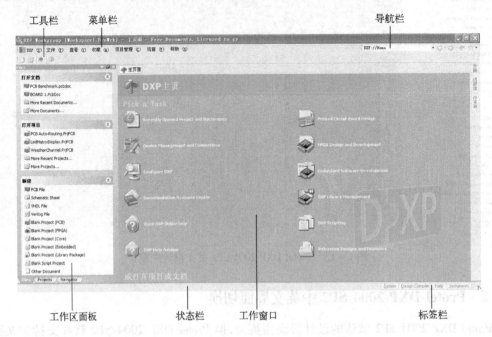

图 1 – 16　Protel DXP 2004 SP2 中文主窗口

2. 菜单栏

Protel DXP 2004 SP2 主设计窗口菜单栏如图 1 – 17 所示。

图 1 – 17　菜单栏

该菜单栏包括 DXP、文件、查看(视图操作)、收藏、项目管理、视窗、帮助等几个主菜单,可以完成 Protel 系统的配置、项目文件管理、工具栏和状态栏的显示控制、收藏管理、显示窗口管理及提供帮助信息等功能。

3. 工具栏

图 1 – 18　工具栏

工具栏如图 1 – 18 所示,包括 4 个基本按钮,从左到右功能依次为创建任意文件,快捷键为〈Ctrl〉+〈N〉;打开已存在的文档,快捷键为〈Ctrl〉+〈O〉;打开设备视图窗口;打开帮助向导,快捷键为〈Shift〉+〈F1〉。

4. 导航栏

导航栏如图 1 – 19 所示,当用户在工作区中打开了多个窗口时,可以利用导航栏提供的切换功能在各窗口间进行切换。

导航栏的 5 个部分从左到右的功能依次为当前窗口地址栏、前进按钮、后退按钮、回到主页面(Home)及收藏夹选项。

图 1-19　导航栏

5. 工作区面板

工作区面板通常位于主窗口的左边,可以显示或隐藏,也可以被任意移动到窗口的其他位置。

（1）移动工作区面板

用鼠标左键点住工作区面板状态栏不放,拖动光标在窗口中移动,可以将工作区面板移动到所需的位置。

（2）工作区面板的标签切换

工作区面板通常有"Files"、"Projects"及"Navigator"等标签,一般位于面板的最下方,用鼠标左键单击所需的标签可以查看该标签的内容,如图 1-20 所示。

（3）工作区面板的显示与隐藏

单击图 1-20 所示工作区面板右上角的 按钮,则按钮的形状变为 ,此时如果把鼠标移出工作区面板,则工作区面板将自动隐藏在窗口的最左边。

若用鼠标左键单击窗口左边的工作区面板标签,则对应的面板将自动显示。

如果不再隐藏工作区面板,则在面板显示时,用鼠标左键单击右上角的按钮 ,则按钮恢复为 状态,此时工作区面板将不再自动隐藏。

图 1-20　工作区面板

6. DXP 主页工作窗口

Protel DXP 2004 SP2 启动后,工作窗口中默认的是 DXP 主页视图页面,页面上显示了设计项目的图标及说明,如表 1-1 所示,用户可以根据需要选择设计项目。

表 1-1　Protel DXP 2004 SP2 主页工作窗口设计项目说明

图标	中英文功能说明	图标	中英文功能说明
	Recently Opened Project and Documents 最近打开的项目设计文件和设计文档		Printed Circuit Board Design PCB 设计相关选项
	Device Management and Connections 元件管理和连接		FPGA Design and Development FPGA 项目设计相关选项
	Configure DXP 配置 Protel DXP 系统		Embedded Software Development 嵌入式软件开发相关选项
	Documentation Resource Center 帮助文档资源中心		DXP Library Management Protel DXP 库文件管理
	Open DXP Online help Protel DXP 在线帮助系统		DXP Scripting Protel DXP 脚本编辑管理
	DXP Help Advisor Protel DXP 帮助向导		Reference Designs and Examples 参考设计实例

执行菜单"查看"→"主页",可以打开 DXP 主页面。

7. 恢复系统默认的初始界面

用户在使用过程中进行界面改动后可能无法返回初始的使用界面,可以执行菜单"查看"→"桌面布局"→"Default"恢复系统默认的初始界面。

1.4.4 Protel DXP 2004 SP2 系统自动备份设置

在项目设计过程中,为防止意外故障出现设计内容丢失,一般需要进行系统自动备份设置,以减小损失。

执行菜单"DXP"→"优先设定",屏幕弹出优先设定对话框,选择"Backup"选项,屏幕出现图 1-21 所示的对话框,在其中可以设定自动备份的时间间隔、保存的版本数及备份文件保存的路径。

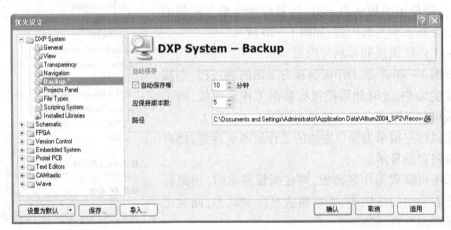

图 1-21 自动备份设置

1.4.5 PCB 工程项目文件操作

在项目设计中,通常将同一个项目的所有文件都保存在同一个项目设计文件中,以便于文件管理。Protel DXP 2004 SP2 的 PCB 设计通常先建立 PCB 工程项目文件,然后在该项目文件下建立原理图、PCB 等其他文件,建立的项目文件将显示在"Projects"选项卡中。

1. 新建 PCB 项目

执行菜单"文件"→"创建"→"项目"→"PCB 项目",Protel DXP 2004 SP2 系统会自动创建一个名为"PCB_Project1. PrjPCB"的空白工程项目文件,如图 1-22 所示,此时的文件显示在"Projects"选项卡中,在新建的项目文件"PCB_Project1. PrjPCB"下显示的是空文件夹"No Documents Added"。

2. 保存项目

建立 PCB 项目文件后,要先保存项目文件,一般要将项目文件另存为自己需要的文件名,并保存到指定的文件夹中。

执行菜单"文件"→"另存项目为",屏幕弹出另存项目对话框,更改保存的文件夹和文件名后,单击"保存"按钮完成项目保存,如图 1-23 所示。

保存后的文件将重新显示在工作区面板中,图1-24所示为更名后的项目文件。

图1-22　新建PCB项目　　　　图1-23　另存项目文件　　　　图1-24　更名后的项目文件

3. 新建设计文件

在新建的空白项目中,没有原理图和PCB的任何文件,因此绘制原理图或PCB时必须在该项目中新建或追加对应的文件。

添加新文件的方法有两种(以下以添加原理图文件为例),可以执行菜单"文件"→"创建"→"原理图"添加原理图文件;也可以用鼠标右键单击项目文件名,在弹出的菜单中选择"追加新文件到项目中"→"Schematic"新建原理图文件,如图1-25所示。

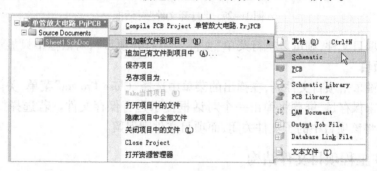

图1-25　新建原理图文件

新建好PCB项目设计主要文件后的工作区面板如图1-26所示,图中的"Source Documents"文件夹中保存的是原理图和印制电路板文件,"Libraries"文件夹中保存的是相应的元件库。

用鼠标右键单击文件名,在弹出的菜单中选择菜单"另存为",可以对文件进行更名保存。

4. 追加已有的文件到项目中

有些电路在设计时并未放置在项目文件中,此时若要将它添加到项目文件中,可以用鼠标右键单击项目文件名,在弹出的菜单中选择"追加已有文件到项目中"菜单,屏幕弹出一个对话框,选择要追加的文件后,单击"打开"按钮实现文件添加。

图1-26　新建文件后的项目文件

5. 打开项目文件

在电路设计中,有时需要打开已有的某个文件,可以执行菜单"文件"→"打开",屏幕弹出

"打开文件"对话框,选择所需的路径和文件后,单击"打开"按钮打开相应文件,如图1-27所示。

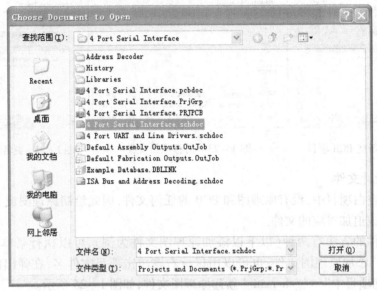

图1-27 "打开文件"对话框

若只打开项目文件,则可以执行菜单"文件"→"打开项目",对话框中只显示已有的项目。

6. 关闭项目

用鼠标右键单击项目文件名,在弹出的菜单中选择"Close Project"菜单,关闭项目文件,若工作区的文件未保存过,屏幕将弹出一个对话框提示是否保存文件。若选择"关闭项目中的文件"菜单,则将该项目中的子文件关闭,而项目文件则保留。

1.4.6 PCB 工程项目文件结构

Protel DXP 2004 SP2 引入了工程项目的概念(*.PrjPcb),其中包含一系列的单个文件,项目文件的作用是建立与单个文件之间的链接关系,方便设计者的组织和管理。

PCB 工程项目文件包括原理图设计文件(*.schdoc、*.sch);PCB 设计文件(*.pcbdoc、*.pcb);原理图库文件(*.schlib、*.lib);PCB 元件库文件(*.pcblib、*.lib);网络报表文件(*.Net);报告文件(*.rep、*.log、*.rpt);CAM 报表文件(*.Cam)等,如图1-26所示,从图中可以看出,该PCB 工程项目文件中包含了原理图文件、PCB 文件和库文件等。

1.5 实训 Protel DXP 2004 SP2 基本操作

1. 实训目的

1)掌握 Protel DXP 2004 SP2 的启动。

2)掌握 Protel DXP 2004 SP2 的基本设置。

3)学会建立 Protel DXP 2004 SP2 的项目文件。

2. 实训内容

1)启动 Protel DXP 2004 SP2。在"开始"菜单中,单击 DXP 2004 快捷方式图标 DXP 2004,

启动 Protel DXP 2004 SP2。

2）中英文菜单切换。

在中文菜单状态,执行菜单"DXP"→"优选设定",在弹出对话框的"本地化"区中取消"使用本地化的资源"的复选框,关闭并重新启动 Protel 2004 后,系统恢复为英文界面。

在英文菜单状态,执行菜单"DXP"→"Preferences"菜单,在弹出对话框的"Localization"区中,选中"Use localized resources"前面的复选框,单击"OK"按钮,关闭并重新启动 Protel DXP 2004 SP2,更换系统界面为中文界面。

3）自动备份设置。执行菜单"DXP"→"优先设定"→"Backup",将自动备份时间间隔设定为 15 min、将保存的版本数设置为 3,将备份文件保存路径设置为 D：\My Design。

4）工作区面板的显示与隐藏。用鼠标左键单击工作区面板右上角的 按钮或 按钮,实现工作区面板的自动隐藏或显示。

5）用鼠标左键点住工作区面板状态栏不放,拖动光标在窗口中移动,将工作区面板移动到所需的位置。

6）用鼠标右键单击"主页面"选项卡,在弹出的菜单中选择"Close 主页面"关闭 DXP 主页面;执行菜单"查看"→"主页",打开 DXP 主页面。

7）恢复系统默认的初始界面。执行菜单"查看"→"桌面布局"→"Default"恢复系统默认的初始界面。

8）新建项目文件。执行菜单"文件"→"创建"→"项目"→"PCB 项目",创建项目文件"PCB_Project1. PrjPCB",并将其另存为"My Design. PrjPCB"。

9）在项目文件"My Design. PrjPCB"中追加一个原理图文件和一个 PCB 文件。

10）保存项目文件。

3. 思考题

1）如何将工作区面板的元件库选项卡设置为显示状态?

2）如何追加已有的 PCB 文件到项目文件中?

1.6　习题

1. Protel DXP 2004 SP2 的主要功能有哪些?
2. 说明 Protel DXP 2004 SP2 主窗口界面的组成。
3. 如何设置自动备份时间?
4. 如何设置 Protel DXP 2004 SP2 为中文菜单界面?
5. 如何新建项目文件,并追加文件?
6. 如何上网下载 Protel 的相关资料?

第2章 原理图设计

本章要点

- 原理图设计系统参数设置
- 元件库设置、原理图设计及 ERC 检查
- 总线与网络标号的使用
- 层次电路的使用
- 原理图输出

电路原理图设计是印制电路板设计的基础,它决定了后续工作的进展。本章通过实例介绍采用 Protel DXP 2004 SP2 进行原理图设计的方法和基本操作过程。

2.1 原理图设计基础

2.1.1 原理图设计基本步骤

原理图绘制大致可以按如下步骤进行。

1)新建原理图文件。

2)设置图纸大小和工作环境。

3)装入元件库。

4)放置所需的元器件、电源符号等。

5)元器件布局和连线。

6)放置说明文字、网络标号等进行电路标注说明。

7)电气规则检测、线路、标识调整与修改。

8)报表输出。

9)电路输出。

在原理图设计中要注意元件标号的唯一性,根据实际需要设置好元件的封装形式,以保证印制电路板设计的准确性,复杂的电路可以借助网络标号来简化电路。

2.1.2 新建原理图文件

1. 新建 PCB 项目文件

在 Protel DXP 2004 SP2 主窗口下,执行菜单"文件"→"创建"→"项目"→"PCB 项目", Protel DXP 2004 SP2 系统会自动创建一个名为"PCB_Project1. PrjPCB"的空白项目文件。

执行菜单"文件"→"另存项目为",屏幕弹出另存项目对话框,可以更名保存,如更改保存的文件夹为"D:\电路设计",更改文件名为"单管放大电路",单击"保存"按钮完成项目保存。

2. 新建原理图文件

执行菜单"文件"→"创建"→"原理图"创建原理图文件,或用鼠标右键单击项目文件名,在弹出的菜单中选择"追加新文件到项目中"→"Schematic"新建原理图文件。系统在当前项目文件下新建一个名为"Source Documents"的文件夹,并在该文件夹下建立了原理图文件"Sheet1. SchDoc",并进入原理图设计界面,如图 2 - 1 所示。

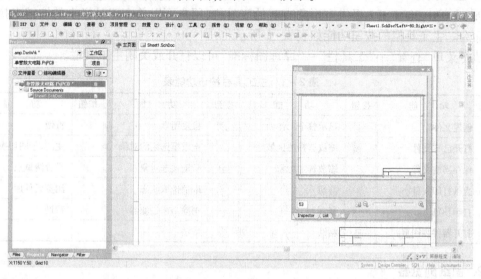

图 2 - 1　原理图设计主窗口

用鼠标右键单击原理图文件"Sheet1. SchDoc",在弹出的菜单中选择"另存为",屏幕弹出一个对话框,将文件改名为"单管放大"并保存。

2.1.3　原理图编辑器

图 2 - 2 所示的原理图编辑器中,工作区面板中已经建立了两个设计文件,其中"单管放

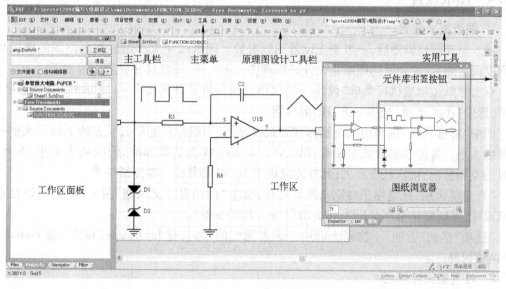

图 2 - 2　原理图编辑器

大电路.PrjPCB"为项目文件,"Free Documents"为自由文件夹,不属于某个设计项目(自由文件可以在 Protel DXP 2004 SP2 的主窗口中执行菜单"文件"→"创建"→"原理图"建立)。

原理图编辑器由主菜单、主工具栏、原理图设计工具栏、实用工具栏(包括绘图工具、电源工具、常用元件工具等)、工作窗口、工作区面板、元件库书签按钮等组成。

1. 主工具栏

Protel DXP 2004 SP2 提供有形象直观的工具栏,用户可以单击工具栏上的按钮来执行常用的命令。主工具栏的按钮功能如表 2－1 所示。

执行菜单"查看"→"工具栏"→"原理图标准"可以打开或关闭主工具栏。

表 2－1　主工具栏按钮功能表

按钮	功　能	按钮	功　能	按钮	功　能	按钮	功　能
	创建文件		显示整个工作面		橡皮图章		重做
	打开已有文件		缩放选择的区域		选取框选区的对象		主图、子图切换
	保存当前文件		缩放选定对象		移动被选对象		设置测试点
	直接打印文件		剪切		取消选取状态		浏览元件库
	打印预览		复制		消除当前过滤器		帮助
	打开器件视图页面		粘贴		取消		

2. 图纸浏览器

在图 2－2 中,其左侧的工作区面板显示的是当前的项目文件,工作窗口中有一个"图纸"窗口,该窗口用于选择浏览当前工作窗口中的内容,单击窗口中的 按钮和 按钮可以放大和缩小工作窗口的电路图,拖动红色的边框,可以对电路进行局部浏览。

执行菜单"查看"→"工作区面板"→"SCH"→"图纸"可以打开或关闭"图纸浏览器"窗口。

2.1.4　图纸设置

1. 图纸格式设置

进入原理图编辑器后,一般要先设置图纸参数。图纸尺寸大小是根据电路图的规模和复杂程度而定的,设置合适的图纸是设计好原理图的第一步,图纸尺寸设置方法如下。

双击图纸边框或执行菜单"设计"→"文档选项",屏幕弹出图 2－3 所示的"文档选项"对话框,选中"图纸选项"选项卡进行图纸设置。

图中"标准风格"区是用来设置标准图纸尺寸的,用鼠标左键单击下方的下拉列表框可选定图纸大小。各种标准图纸主要有:A0、A1、A2、A3、A4 为公制标准,依次从大到小;A、B、C、D、E 为英制标准,依次从小到大;此外还提供了 Orcad 等其他一些图纸格式。

"自定义风格"区是用于自定义图纸尺寸,选中"使用自定义风格"复选框后,可以自定义图纸尺寸,系统默认最小单位为 10 mils(1 in = 1000 mils)。

"选项"区的"方向"下拉列表框用于设置图纸的方向,有 Landscape(横向)或 Portrait(纵向)两种选择。

2. 设置图纸标题栏

Protel 提供了两种预先设定好的标题栏,分别是 Standard(标准)和 ANSI 形式,在"图纸明

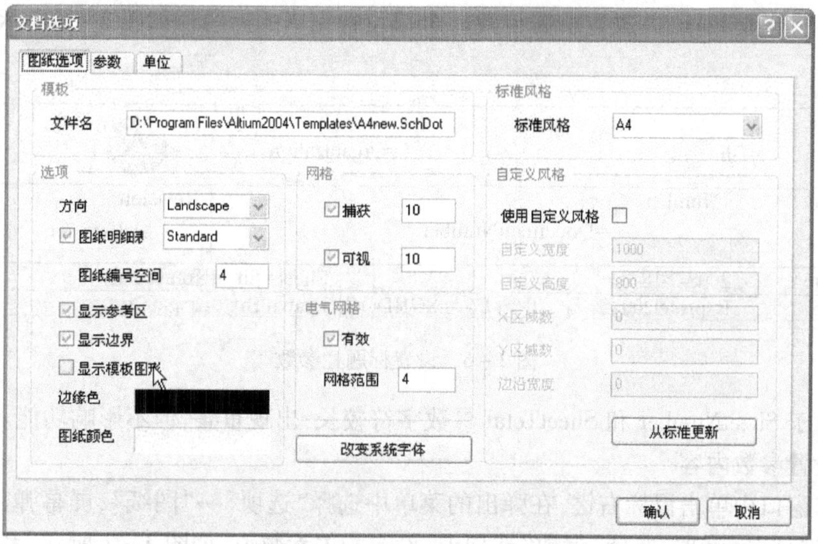

图2-3 "文档选项"对话框

细表"后的下拉列表框中可以设置。

显示模板图形复选框用于设置是否显示模板中的图形、文字及专用参数,通常为显示自定义的标题栏或公司 Logo 等才选中该复选框。

下面以图2-4为例介绍标准标题栏的设置。

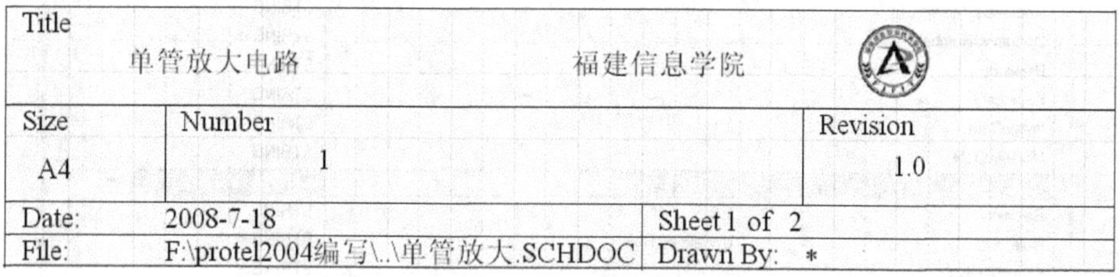

Title			
	单管放大电路	福建信息学院	
Size	Number		Revision
A4	1		1.0
Date:	2008-7-18	Sheet 1 of 2	
File:	F:\protel2004编写\..\单管放大.SCHDOC	Drawn By: *	

图2-4 标准标题栏实例

图2-4所示标题栏中设置的主要参数有:Title(标题)、Organization(设计机构)、DocumentNumber(文件编号)、Revision(版本号)、SheetNumber(原理图编号)、SheetTotal(原理图总数)及 DrawnBY(绘图者)。

（1）放置参数

执行菜单"放置"→"文本字符串",光标上粘着一个字符串,按键盘上的〈Tab〉键,屏幕弹出字符串属性对话框,如图2-5所示,单击"文本"下拉列表框,可以在其中选择所需的参数,移动到指定位置后单击鼠标左键放置参数字符串。依次将参数放置到指定位置后,即可完成标题栏参数设置,参数如图2-6所示。

（2）插入企业 Logo

执行菜单"放置"→"描画工具"→"图形",在弹出的对话框

图2-5 设置参数字符

中选中所需的企业 Logo,并放置所需位置。全部设置完毕的标题栏如图 2 - 6 所示。

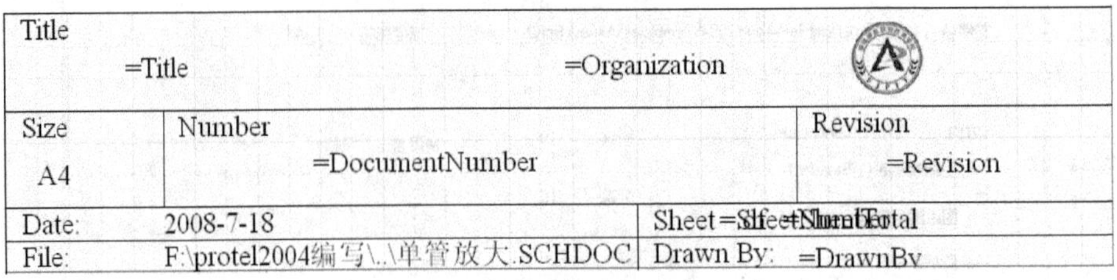

Title =Title		=Organization	
Size A4	Number =DocumentNumber		Revision =Revision
Date:	2008-7-18	Sheet =Sheet=SheetTotal	
File:	F:\protel2004编写\..\单管放大.SCHDOC	Drawn By:	=DrawnBy

图 2 - 6 设置标题栏参数

图中由于 SheetNumber 和 SheetTotal 参数字符较长,出现重叠,但不影响功能。

(3) 设置参数内容

在工作窗口中单击鼠标右键,在弹出的菜单中选择"选项"→"图纸",屏幕弹出图 2 - 3 所示的"文档选项"对话框,选择"参数"选项卡,设定相关参数值,如图 2 - 7 所示,系统默认的参数值为" * ",用鼠标左键单击对应名称处的"数值"框,输入需修改的信息后完成设置。

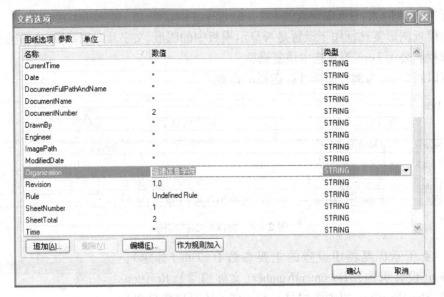

图 2 - 7 图纸参数值设置

本例中具体参数值如下。

Title:单管放大电路

Organization:福建信息学院

DocumentNumber:2

Revision:1. 0

SheetNumber:1

SheetTotal:2

(4) 查看标题栏信息

参数位置和内容设置完毕,标题栏中显示的是当前定义的参数,无法直接显示已设定好的参数内容。

若要查看当前设置后的标题栏信息,可以执行菜单"工具"→"原理图优先设定",屏幕弹出"优先设定"对话框,选中"Graphical Editing"选项卡,选中"转换特殊字符串"选项,如图 2 - 8 所示,单击"确认"按钮完成设置。

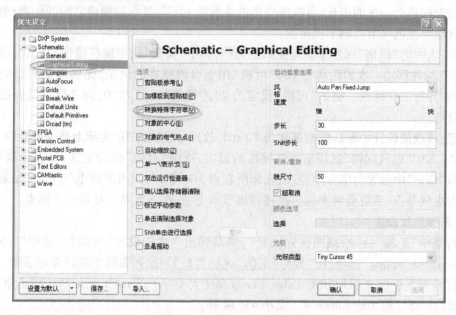

图 2 - 8　设定显示参数信息

以上设定结束,标题栏中将显示已设置好的参数值,未设参数值的则显示为系统默认的
"＊",如图 2 - 4 中的"Drawn By"未设置参数值,故显示为"＊"。

此时可以查看标题栏内容是否正确,位置是否正常,如有问题可返回修改。

3. 单位系统设置

Protel DXP 2004 SP2 的原理图设计提供有英制(mil)和公制(mm)两种单位制,可在图 2 - 3 中选中"单位"选项卡进行设置,屏幕弹出图 2 - 9 所示的对话框,可以进行单位制设置,一般默认使用英制单位系统,单位是 mil。

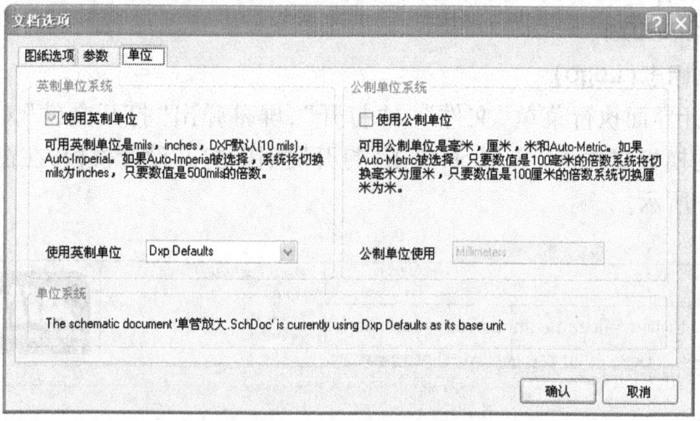

图 2 - 9　单位系统设置

2.1.5 设置栅格尺寸和光标形状

1. 栅格尺寸设置

在 Protel DXP 2004 SP2 中栅格类型主要有 3 种,即捕获栅格、可视栅格和电气栅格。捕获栅格是指光标移动一次的步长;可视栅格指的是图纸上实际显示的栅格之间的距离;电气栅格指的是自动寻找电气节点的半径范围。

图 2-3 中的"网格"区用于设置图纸的栅格,其中"捕获"用于捕获栅格的设定,图中设定为 10,即光标在移动一次的距离为 10;"可视"用于可视栅格的设定,此项设置只影响视觉效果,不影响光标的位移量。例如"可视"设定为 20,"捕获"设定为 10,则光标移动两次走完一个可视栅格。

注意:原理图设计中默认栅格基数为 10 mil,故尺寸设置为 10 实际上是 100 mils。

图 2-3 中"电气网格"区用于电气栅格的设定,选中"有效"前的复选框,在绘制导线时,系统会以"Grid"中设置的值为半径,以光标所在点为中心,向四周搜索电气节点,如果在搜索半径内有电气节点,系统会将光标自动移到该节点上,并在该节点上显示一个圆点。

2. 光标形状设置

执行菜单"工具"→"原理图优先设定",屏幕弹出"优先设定"对话框,选中"Schematic"中的"Graphical Editing"选项,在"光标"区的"光标类型"下拉列表框中选择光标形状。

下拉列表框中的光标形状有 Large Cursor 90(大十字)、Small Cursor 90(小十字)、Small Cursor 45(小 45°)和 Tiny Cursor 45(微小 45°)4 种。

2.1.6 原理图设计模板文件制作

在设计原理图时,为在图纸上留下企业 Logo 和其他信息,一般要进行图纸标题栏的设置。为提高工作效率,可设计一个模板,将所需基本信息先设定好,然后通过适当的设置可以使原理图设计时自动调用该模板。

在 Protel DXP 2004 SP2 中,已经存在一部分 Altium 公司的模板,只要对它进行编辑修改,即可生成新的设计模板。原设计模板保存在 Protel DXP 2004 SP2 的安装路径下的 Templates 文件夹中,原理图模板文件的扩展名为 schdot。

下面以修改原有 Altium 公司的原理图模板 A4. SchDot 为例介绍设计模板的制作,新的模板命名为 NEWA4. SchDot。

1. 修改企业标志(Logo)

在原理图设计界面执行菜单"文件"→"打开",屏幕弹出"打开文件"对话框,选中 Templates 文件夹下的模板文件 A4. SchDot,单击"打开"按钮,打开设计模板,在窗口的右下角为标题栏,如图 2-10 所示。

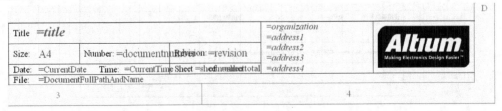

图 2-10 标题栏

此标题栏中已经设置好相应参数,只要改变企业标志即可。用鼠标单击选中企业标志图片,单击键盘上〈Delete〉键删除图片,执行菜单"放置"→"描画工具"→"图形",在弹出的对话框中选中所需企业 Logo,并放置在适当位置,修改后的标题栏如图 2 – 11 所示。

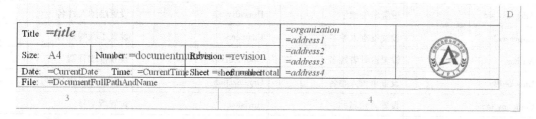

图 2 – 11　修改企业标志后的标题

2. 标题栏中参数的修改

从图 2 – 11 中可以看出,标题栏中的参数以" = "开头,是一组字符串,如" = organization"表示该位置显示的是设计机构名称,如果将" = "后的内容改为其他参数,则显示的是对应的参数。

例如要在标题栏中设置绘图者姓名,则可以将图 2 – 11 中的" = address4"改为" = Drawn-By",这样该位置显示即为绘图者姓名,改动的方法为用鼠标左键快速双击要改动的字符串,系统弹出图 2 – 5 所示的字符串设置对话框,在其中可以选择要修改的参数。

3. 标题栏参数设置

企业 Logo 修改后,要对标题栏的有关企业参数进行重新设置。在工作窗口中单击鼠标右键,在弹出的菜单中选择"选项"→"图纸",屏幕弹出"文档选项"对话框,选择"参数"选项卡,设定相关参数,如图 2 – 12 所示,鼠标左键单击对应名称处的"数值"框,输入需修改的信息后完成设置。

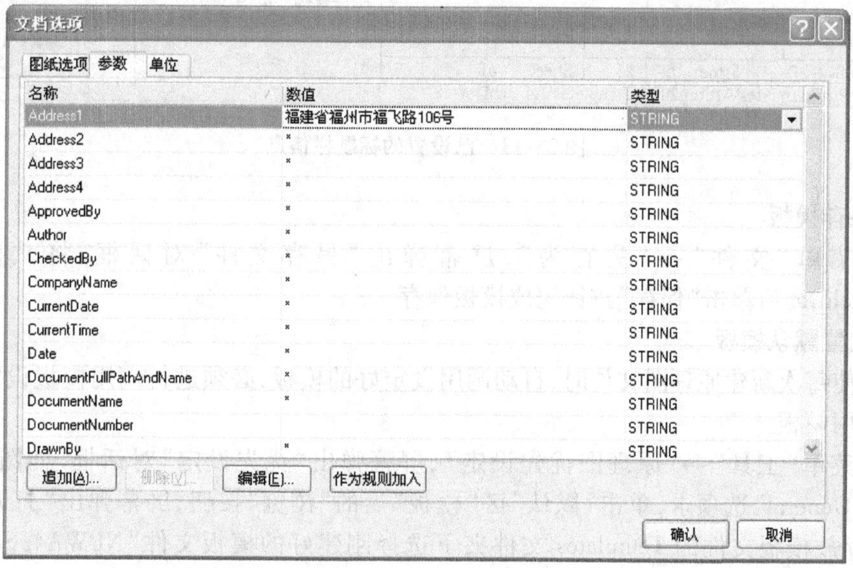

图 2 – 12　图纸参数设置

标题栏主要参数功能如表 2-2 所示。

表 2-2　标题栏参数功能表

参 数 名 称	功　　能	参 数 名 称	功　　能
Address1~4	设置单位地址	DrawnBy	设置绘图人姓名
ApprovedBy	设置批准人姓名	Engineer	设置工程师姓名
Author	设置设计者姓名	ModifiedData	设置修改日期
CheckedBy	设置审校人姓名	Organization	设置设计机构名称
CompanyName	设置公司名称	Revision	设置版本号
Current Date	系统默认当前日期	Rule	设置信息规则
Current Time	系统默认当前时间	SheetNumber	设置原理图编号
Date	设置日期	SheetTotal	设置项目中原理图总数
DocumentFullPathAndName	系统默认文件名及保存路径	Time	设置时间
DocumentName	系统默认文件名	Title	设置原理图标题
DocumentNumber	设置文件数量或编号		

一般作为模板,仅设置企业标志(Logo)、机构名称和地址,其他内容根据具体电路设计情况在原理图设计完后进行设置。

4. 查看模板的标题栏信息

设置完模板参数后,查看标题栏内容和位置是否合适并进行修改。图 2-13 所示的为设置好的标题栏,其中以"*"显示的参数值未设置,可以在后续的设计中进行设置。

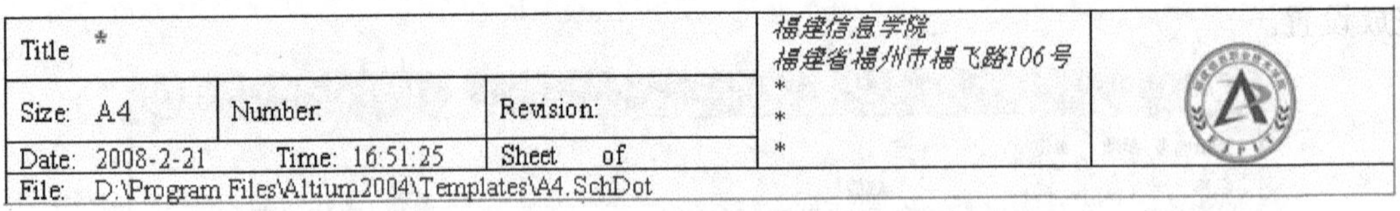

图 2-13　已设置的标题栏信息

5. 保存模板

执行菜单"文件"→"另存为",屏幕弹出"另存文件"对话框,将文件名改为 NEWA4. SchDot 后单击"保存"按钮完成模板保存。

6. 设置默认模板

为了使每次新建原理图文件时,自动调用设定好的模板,必须进行调用模板设定,系统默认是不调用模板。

执行菜单"工具"→"原理图优先设定",屏幕弹出"优先设定"对话框,如图 2-14 所示,选择"General"选项卡,单击"默认"区"模板"后的"浏览"按钮,屏幕弹出"打开模板"对话框,在存放模板文件的 Templates 文件夹下选择刚建好的模板文件"NEWA4. SchDot",单击"打开"按钮,选定模板,系统回到"优先设定"对话框,单击"适用"按钮,完成默认模板设置。

默认模板设置后,每次新建原理图文件都将自动调用已设置好的默认模板。

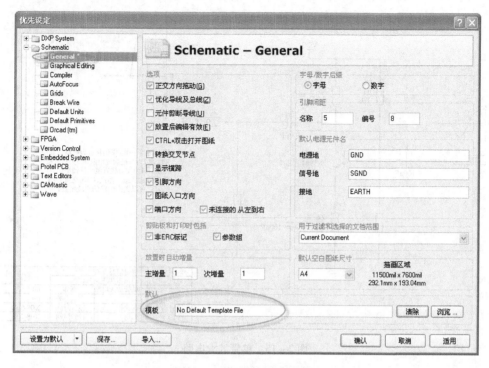

图 2 – 14　设置系统默认模板

若新建原理图时不想使用已设置的默认模板,可在图 2 – 14 中单击"清除"按钮,将默认模板设置为空。

若在使用自定义模板的原理图中想恢复原先系统自带的标题栏,可以在工作窗口中单击鼠标右键,在弹出的菜单中选择"选项"→"图纸",屏幕弹出"文档选项"对话框,选择"图纸选项"选项卡,选中"图纸明细表"复选框,取消"显示模板图形"复选框,单击"确认"按钮完成设置即可。

2.2　单管放大电路原理图设计

本节通过图 2 – 15 所示单管放大电路原理图的设计,介绍原理图设计的基本方法,从图中可以看出,该原理图主要由元件、连线、电源体、电路波形、电路说明及标题栏等组成。一张正确美观的电路原理图是印制电路板设计的基础,在设计好电路原理图的基础上才可以进行印制电路板的设计和印制电路板的制作等。

在 Protel DXP 2004 SP2 主窗口下,执行菜单"文件"→"创建"→"项目"→"PCB 项目"创建项目文件,执行菜单"文件"→"创建"→"原理图"创建原理图文件,并将项目文件另存为"单管放大电路",将原理图文件另存为"单管放大"。

本例中元件较少,采用先放置元件、电源和端口,然后布局调整,再进行连线,最后进行属性修改的模式进行设计。对于比较大的电路则可以采用边放置元件,边布局并连线,最后属性调整的方式进行。

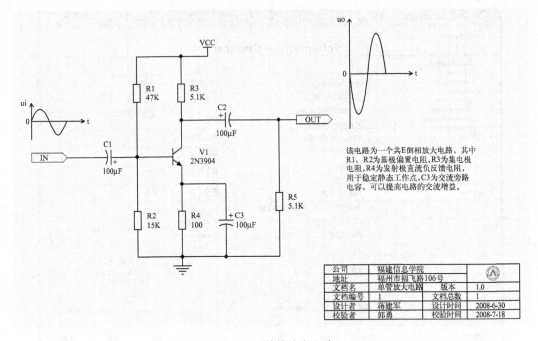

该电路为一个共E倒相放大电路，其中
R1、R2为基极偏置电阻，R3为集电极
电阻，R4为发射极直流负反馈电阻，
用于稳定静态工作点，C3为交流旁路
电容，可以提高电路的交流增益。

公司	福建信息学院		◬
地址	福州市福飞路106号		
文档名	单管放大电路	版本	1.0
文档编号	1	文档总数	1
设计者	蒋建军	设计时间	2008-6-30
校验者	郭勇	校验时间	2008-7-18

图 2－15　单管放大电路

2.2.1　设置自定义图纸和自定义标题栏

本例中因电路较简单,图纸选择自定义,尺寸大小为 650×400。

1. 设置自定义图纸

执行菜单"设计"→"文档选项",屏幕弹出"文档选项"对话框,选中"图纸选项"选项卡,
在"自定义风格"区进行自定义图纸设置,具体设置如图 2－16 所示。

图 2－16　自定义图纸

进行自定义前必须选中"使用自定义风格"复选框。

2. 设置自定义标题栏

在图 2-16 中,去除"图纸明细表"复选框,图纸上将不显示标准标题栏,此时用户可以自行定义标题栏,标题栏一般定义在图纸的右下方。

自定义标题栏效果图如图 2-17 所示,标题栏为 220×60 的长方形,行间距10。

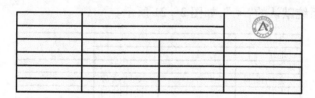

公司	福建信息学院		
地址	福州市福飞路106号		
文档名	单管放大电路	版本	1.0
文档编号	1	文档总数	1
设计者	蒋建军	设计时间	2008-6-30
校验者	郭勇	校验时间	2008-7-18

图 2-17　自定义标题栏效果图

标题栏中的边框线采用"直线(Line)"绘制,文字采用"文本字符串"形式放置,有固定信息项字符串和标题栏参数字符串两种。下面具体介绍自定义标题栏的设置方法。

(1) 绘制标题栏边框

执行菜单"放置"→"描画工具"→"直线"进入画线状态,在标题栏的起始位置单击鼠标左键定义直线的起点,移动光标,光标上将拖着一根直线,移至终点位置单击鼠标左键放置直线,继续移动光标可继续放置直线,单击鼠标右键结束本次连线,可以继续定义下一条直线,双击鼠标右键则退出连线状态。边框绘制完毕的标题栏如图 2-18 所示。

图 2-18　定义标题栏边框

(2) 放置 Logo

执行菜单"放置"→"描画工具"→"图形",在弹出的对话框中选中所需的企业 Logo,并放置在适当位置,如图 2-18 所示。

(3) 放置信息项字符串

标题栏绘制完毕,可以在其中添加说明该电路设计情况所需的信息项字符串。

执行菜单"放置"→"文本字符串",屏幕上出现的光标上带着字符串,单击键盘上的〈Tab〉键,屏幕弹出图 2-5 所示的设置字符串对话框,在"文本"栏中输入相应内容(如"公司")后单击"确认"按钮,移动光标到所需位置,单击鼠标左键放置字符串,此时光标上还粘着一个字符串,可以继续放置,单击鼠标右键结束放置。放置完毕的标题栏如图 2-19 所示。

(4) 放置标题栏参数字符串

设定好标题栏中要显示的信息项后,可以在其后设置标题栏参数,以便显示相应信息。执行菜单"放置"→"文本字符串",光标上粘着一个字符串,按键盘上的〈Tab〉键,屏幕弹出字符串属性对话框,如图 2-5 所示,单击下拉列表框,可以在其中选择所需的参数,移动到适当位置后单击鼠标左键放置参数字符串。依次将参数放置到指定位置后,即可完成标题栏参数设置。完成后的标题栏如图 2 – 20 所示。

公司		
地址		
文档名		版本	
文档编号		文档总数	
设计者		设计时间	
校验者		校验时间	

图 2 – 19 放置信息项字符串

公司	=Organization	
地址	=Address1	
文档名	=title	版本	=Revision
文档编号	=SheetNumber	文档总数	=SheetTotal
设计者	=DrawnBy	设计时间	=Date
校验者	=CheckedBy	校验时间	=CurrentDate

图 2 – 20 定义参数后的标题栏

（5）设置显示参数信息

执行菜单“工具”→“原理图优先设定”,屏幕弹出“优先设定”对话框,选中“Graphical Editing”选项卡,选中“转换特殊字符串”选项,单击“确认”按钮完成设置。

由于校验时间的参数设置为“ = Current Date”,故该栏显示为当前时间“2008 – 7 – 18”,其他参数位置均显示系统默认的“ * ”,如图 2 – 21 所示。

公司	*	
地址	*	
文档名	*	版本	*
文档编号	*	文档总数	*
设计者	*	设计时间	*
校验者	*	校验时间	2008-7-18

图 2 – 21 标题栏参数值显示

（6）设置参数内容

在工作窗口中单击鼠标右键,在弹出的菜单中选择“选项”→“图纸”,屏幕弹出图 2 – 3 所示的“文档选项”对话框,选择“参数”选项卡,用鼠标单击对应名称处的“数值”框,输入需修改的信息后完成设置,本例中参数内容如下。

Organization：福建信息学院　　　　　　Address1：福州市福飞路 106 号

Title：单管放大电路　　　　　　　　　Revision：1. 0

Sheett Number：1　　　　　　　　　　Sheet Total：1

Drawn By：蒋建军　　　　　　　　　　Date：2008 – 6 – 30

Checked By：郭勇　　　　　　　　　　Current Date：本项系统默认,无需输入

全部设置完毕的自定义标题栏如图 2 – 17 所示。

2.2.2 设置元件库

1. 加载元件库

在放置元件之前,必须先将元件所在的元件库载入内存。但如果一次载入的元件库过多,

将占用较多的系统资源,同时也会降低程序的运行效率,所以最好的做法是只载入必要的元件库,而其他的元件库在需要时再载入。

单击图 2-2 所示的原理图编辑器右上方的"元件库"标签,屏幕弹出图 2-22 所示的"元件库"控制面板,该控制面板中包含元件库栏、元件查找栏、元件名栏、当前元件符号栏、当前元件封装等参数栏和元件封装图形栏等内容,用户可以在其中查看相应信息,以判断元件是否符合要求。其中元件封装图形栏默认是不显示状态,用鼠标单击该区域将显示元件封装图形,如图 2-26 所示。

单击图 2-22 中的"元件库"按钮,屏幕弹出"可用元件库"对话框,选择"安装"选项卡,如图 2-23 所示,窗口中显示了当前已装载的元件库。

单击图 2-23 中的"安装"按钮可以加载元件库,屏幕弹出"打开"元件库对话框,此时可以根据需要加载元件库,如图 2-24 所示,选中元件库,单击"打开"按钮完成元件库加载。

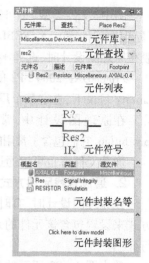

图 2-22 "元件库"控制面板

图 2-23 "可用元件库"对话框

图 2-24 加载元件库

27

图中"文件类型"中可选择 ＊.INTLIB(集成元件库,包含原理图和 PCB 元件)、＊.SCHLIB(原理图元件库)、＊.PCBLIB(PCB 元件库,即封装)及 ＊.PCB3DLIB(PCB 3D 元件库)等,一般在原理图设计时,选择 ＊.INTLIB 或 ＊.SCHLIB。

Protel DXP 2004 SP2 的元件库是按生产厂商进行分类的,一般情况下,元件库在 Altium\Library 目录下,选定某个厂商的元件库,则该厂商的元件列表会被显示出来。

在原理图设计中,常用元件库为 Miscellaneous Devices.IntLib 和 Miscellaneous Connectors.IntLib,它们包含了常用的电阻、电容、二极管、三极管、变压器、按键开关、接插件等元器件。

加载元件库也可以通过执行菜单"设计"→"追加/删除元件库"实现。

2. 通过查找元件方式设置元件库

在原理图设计时,有时不知道元件所在的库,无法使用该元件,此时可以采用查找元件的方式来设置包含该元件的元件库。下面以设置模拟乘法器芯片 MC1596 所在的元件库为例进行介绍。

单击图 2－22 所示的"元件库"控制面板中的"查找"按钮,屏幕弹出"元件库查找"对话框,在文本栏中输入"MC1596",在"范围"中选中"路径中的库",在"路径"中设置元件库所在的路径,如图 2－25 所示,单击"查找"按钮开始查找,屏幕弹出正在查找的"元件库"控制面板,查找结束,该面板中将显示查找到的元件信息,如图 2－26 所示。

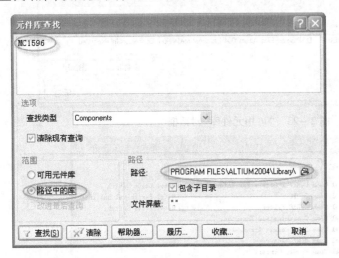

图 2－25 "元件库查找"对话框

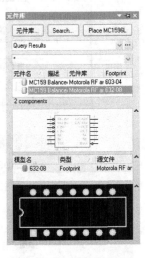

图 2－26 查找到的元件

从查找结果中可以看出该元件在"Motorola RF and IF Modulator Demodulator.IntLib"库中,由于该库尚未加载到当前库中,因此单击图 2－26 中的"Place MC1596L"按钮放置元件 MC1596L 时,屏幕弹出图 2－27 所示的对话框,询问是否安装该库,单击"是"按钮,安装该库,并放置元件;单击"否"按钮则不安装该库,但可以放置该元件。

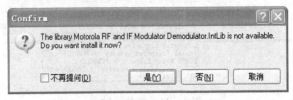

图 2－27 "确认安装库"对话框

3. 删除已设置的元件库

如果要删除已设置的元件库,可在图2-23中用鼠标单击选中元件库,然后单击"删除"按钮,可以移去已设置的元件库。

2.2.3 原理图设计配线工具

Protel DXP 2004 SP2 提供有配线工具栏用于原理图的快捷绘制,如图2-28所示。

图2-28 配线工具栏

该工具栏可以实现原理图设计中常用电路元素的放置,具体功能详见表2-3。

表2-3 配线工具栏按钮及功能

≈	放置导线	⊏	放置元件
⼈	放置总线	⊞	放置层次电路图
⼉	放置总线入口(总线分支线)	⊡	放置层次电路图输入/输出端口
Net	放置置网络标号	⊡▷	放置电路的输入/输出端口
⏚	放置 GND 接地端口	×	放置忽略 ERC 检查指示符
Vcc	放置 Vcc 电源端口		

配线工具栏的显示与隐藏可以执行菜单"查看"→"工具栏"→"配线"实现。

注意:"配线工具栏"放置的是包含电气信息的电路元素,表示电气连接的属性,如图2-15中的电路;而"描画工具"则是非电气绘图工具,为一般的说明性图形,不具备电气连接关系,如图2-15中的波形、电路说明及标题栏等。

2.2.4 放置元件

本例中要用到3种元件,即电阻、电解电容和三极管2N3904,它们都在 Miscellaneous Devices. IntLib 库中,设计前需先安装该库。以下以放置三极管 2N3904 为例介绍元件放置。

1. 通过元件库控制面板放置元件

载入所需的元件库后,就可以在元件库控制面板中看到元件库、元件列表及元件外观等,选中所需元件库,该元件库中的元件将出现在元件列表中,找到三极管 2N3904,控制面板中将显示它的元件符号和封装图,如图2-29所示。

如图2-30所示,单击"Place 2N3904"按钮,将光标移到工作区中,此时元件以虚框的形式粘在光标上,将元件移动到合适位置后,再次单击鼠标,元件就放到图纸上,此时系统仍处于放置元件状态,可继续放置该类元件,单击鼠标右键退出放置状态。

当元件处于虚框状态时,按键盘上的〈Tab〉键,或者在元件放置好后,双击元件,屏幕弹出元件属性对话框,可以修改元件

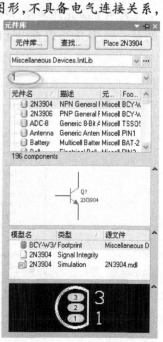

图2-29 放置元件 2N3904

的属性,具体设置方法将在后面章节中介绍。

本例中放置的元件选择:三极管选择2N3904、电阻选择RES2、电解电容选择CAP POL1。

2. 通过菜单放置元件

执行菜单"放置"→"元件"或单击配线工具栏的 ⊅ 按钮,屏幕弹出图2-31所示的"放置元件"对话框,其中"库参考"栏中输入需要放置的元件名称,如电阻为RES2;"标识符"栏中输入元件标号,如R1;"注释"栏中输入标称值或元件型号,如10K;"封装"栏用于设置元件的PCB封装形式,系统默认电阻封装为AXIAL-0.4。

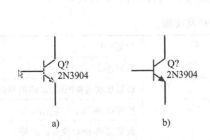

图2-30 放置元件

a) 放置元件初始状态 b) 放置好的元件

图2-31 "放置元件"对话框

所有内容输入完毕,单击"确认"按钮,此时元件便出现在光标处,单击鼠标左键放置元件。本例中元件的属性均选择默认,不进行设置。

若不了解元件名称,可以单击右边浏览按钮"…"进行元件浏览,屏幕弹出图2-32所示的对话框,从中可以查出元件名与元件图形的对应关系。

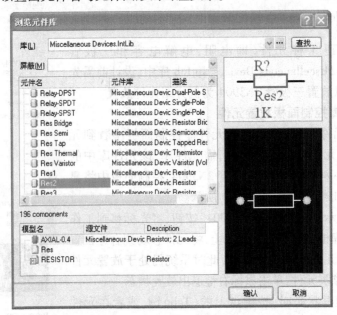

图2-32 "浏览元件库"对话框

若要放置最近使用过的元件,可以单击图 2 – 31 中的"库参考"栏右边的下拉按钮 ▼,可以从下拉列表内选择最近使用过的元件。

3. 通过查找方式放置元件

在放置元件时,如果不知道元件在哪个元件库中,可以使用搜索功能,查找元件所在库并放置元件,如图 2 – 25 和图 2 – 26 所示。为提高查找的效率,可以采用模糊形式查找,如查找 DM74LS00,可以输入查找信息为" ＊74＊00"、" ＊74＊"等,充分利用通配符" ＊"。

放置完元件的电路如图 2 – 33 所示,图中放置了元件、端口和电源。

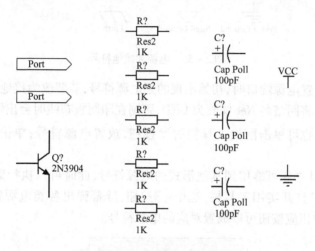

图 2 – 33 放置元件后的原理图

2.2.5 放置电源和接地符号

执行菜单"放置"→"电源端口"进入放置电源符号状态,此时光标上带着一个电源符号,按下〈Tab〉键,弹出图 2 – 34 所示的属性设置对话框,其中"Net"栏可以设置电源端口的网络名,通常电源符号设为 VCC,接地符号设置为 GND;将光标移动到"方向"栏后的 90 Degrees 处,

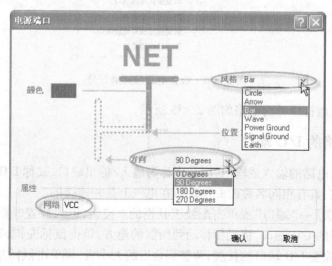

图 2 – 34 "电源端口"属性对话框

屏幕出现下拉列表框,可以选择电源符号的旋转角度,有0°、90°、180°及270° 4种;将光标移动到"风格"栏后的Bar处,屏幕出现下拉列表框,可以选择电源和接地符号的形状,共有7种,如图2-35所示。

设置完毕单击"确认"按钮,将光标移动到适当位置后单击鼠标左键放置电源符号。

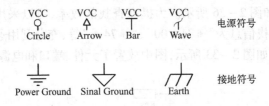

图2-35　电源和接地符号

注意:由于在放置电源端口时,初始出现的是电源符号,若要改为接地符号时,除了要修改符号图形外,还必须将网络名Net修改为GND,否则在印制板布线时会出错。

在实际设计时,也可单击配线工具栏的 ￿ 按钮,放置电源符号;单击配线工具栏的 ￿ 按钮,放置接地符号。

在实际电路设计中还可能用到其他形式的电源符号,此时可以执行菜单"查看"→"工具栏"→"实用工具栏"打开实用工具栏,选中 ￿ 按钮,屏幕弹出各类电源符号的放置按钮,如图2-36所示,选中相应按钮可以放置对应的电源符号。

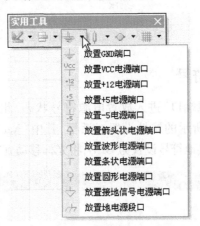

图2-36　放置电源和接地符号

放置电源和接地符号后的电路如图2-33所示。

2.2.6　放置电路的I/O端口

端口通常表示电路的输入或输出,因此也称为输入/输出端口,或称I/O端口,端口通过导线与元件引脚相连,具有相同名称的I/O端口在电气上是相连接的。

执行菜单"放置"→"端口"或单击配线工具栏的 ￿ 按钮,进入放置电路I/O端口状态,光标上带着一个悬浮的I/O端口,将光标移动到所需的地方,单击鼠标左键,定下I/O端口的起点,拖动光标可以改变I/O端口的长度,调整到合适的大小后,再单击鼠标左键,即可放置一个I/O端口,如图2-37所示,单击鼠标右键退出放置状态。

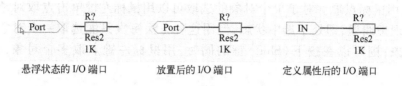

悬浮状态的I/O端口　　　　放置后的I/O端口　　　　定义属性后的I/O端口

图2-37　放置I/O端口

双击I/O端口,屏幕弹出图2-38所示的端口属性对话框,对话框中主要参数说明如下。

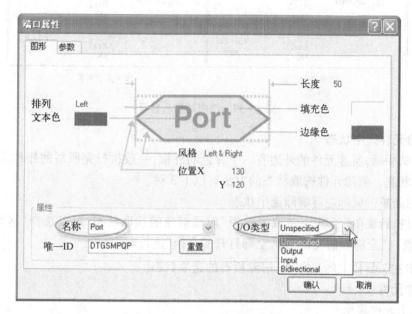

图2-38　I/O端口属性设置

"名称":设置I/O端口的名称,若要放置低电平有效的端口(即名称上有上划线),如$\overline{RD}$,则输入方式为 R\D\。

"I/O类型"后的下拉列表框:设置I/O端口的电气特性,共有4种类型,分别为 Unspecified(未指明或不指定)、Output(输出端口)、Input(输入端口)、Bidirectional(双向型)。

2.2.7　调整元件布局

元件、端口、电源等电路元素放置完毕,在连线前必须先调整其布局,实际上就是移动各电路元素到合理的位置。

1. 选中元件

对元件等对象进行布局操作时,首先要选中对象,选中对象的方法有以下几种。

1)通过执行菜单"编辑"→"选择"进行,可以选择"区域内对象"、"区域外对象"和"全部对象",前两者可以通过拉框选中对象;若选择"切换选择",则是一个开关命令,当对象处于未选取状态时,使用该命令可选取对象;当对象处于选取状态时,使用该命令可以解除选取状态。

2）利用工具栏按钮选取对象。单击主工具栏上的▦按钮,用鼠标拉框选取框内对象。

3）直接用鼠标点取。对于单个对象的选取可以用鼠标左键单击点取对象,被点取的对象周围出现虚线框,即处于选中状态,但用这种方法每次只能选取一个对象;若要同时选中多个对象,则可以在按下〈Shift〉键的同时,用鼠标左键点取多个对象,如图 2-39所示。

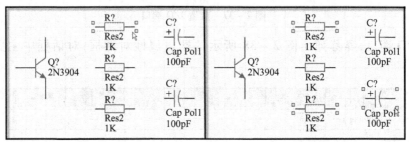

选中单个对象　　　　　　　　选中多个对象

图 2-39　选中对象示意图

2. 解除元件选中状态

元件被选中后,所选元件的外边有一个绿色的外框,一般执行完所需的操作后,必须解除元件的选取状态。解除元件选取状态的方法有以下 3 种。

1）空白处单击鼠标左键解除选中状态

2）通过执行菜单"编辑"→"取消选择"解除对象的选取状态,可以选择"区域内对象"、"区域外对象"、"全部当前文档"及"全部打开的文档"进行解除。

3）单击主工具栏上的▧按钮,解除所有的选取状态。

3. 移动元件

（1）单个元件移动

常用的方法是用鼠标左键点住要移动的元件,将元件拖到要放置的位置,松开鼠标左键即可移动到新位置。

（2）一组元件的移动

用鼠标拉框选中一组元件或用〈Shift〉键和鼠标左键点取选中一组元件,然后用鼠标点住其中的一个元件,将这组元件拖到要放置的位置,松开鼠标左键即可移动到新位置,最后在电路空白处单击鼠标左键退出选择状态,如图 2-40 所示。

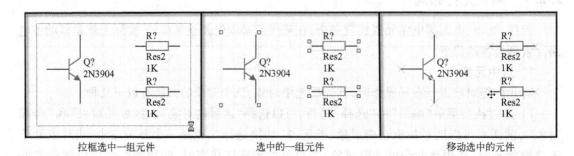

拉框选中一组元件　　　　　　选中的一组元件　　　　　　移动选中的元件

图 2-40　移动一组元件示意图

4. 元件的旋转

对于放置好的元件,在重新布局时,根据连线的需要,可能会对元件的方向进行调整,用户可以通过键盘来调整元件的方向。

用鼠标左键点住要旋转的元件不放,按键盘上的〈Space〉键可以进行逆时针 90°旋转,按〈X〉键可以进行水平方向翻转,按〈Y〉键可以进行垂直方向翻转,如图 2 –41 所示。

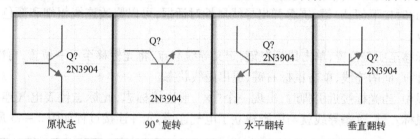

图 2 –41　元件旋转示意图

注意:必须在英文输入状态下按〈Space〉键、〈X〉键、〈Y〉键才可以进行翻转。

5. 对象的删除

要删除某个对象,可用鼠标左键单击要删除的对象,此时元件将被虚线框住,按键盘上的〈Delete〉键即可删除该对象。也可执行菜单"编辑"→"删除",将光标移动到要删除的元件上,单击鼠标左键删除对象。

6. 全局显示全部对象

元件布局调整完毕,执行菜单"查看"→"显示全部对象",全局显示所有对象,此时可以观察布局是否合理。

完成元件布局调整的单管放大电路如图 2 –42 所示。

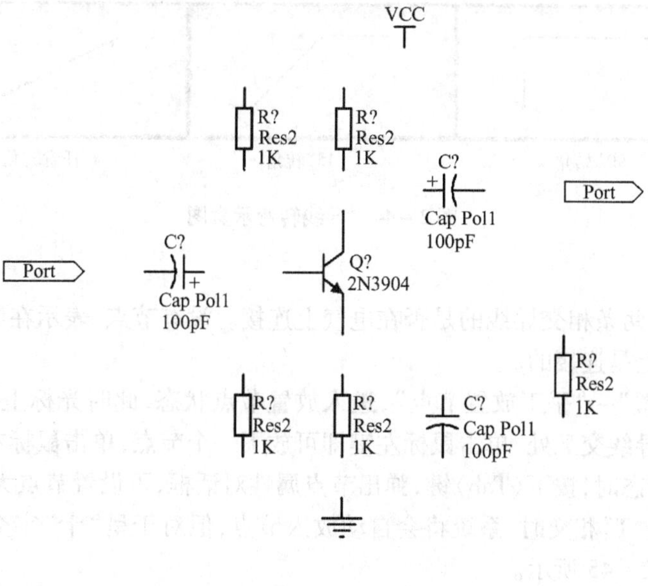

图 2 –42　单管放大电路布局图

2.2.8 电气连接

在电路原理图上放置好元件后,要按照电气特性对元件进行连线,以实现电路功能。

1. 放置导线

执行菜单"放置"→"导线",或单击配线工具栏的 ≈ 按钮,光标变为"×"形,系统处在画导线状态,此时按下〈Tab〉键,屏幕弹出导线属性对话框,可以修改连线粗细和颜色,一般情况下不做修改。

将光标移至所需位置,单击鼠标左键,定义导线起点,将光标移至下一位置,再次单击鼠标左键,完成两点间的连线,单击鼠标右键,退出画线状态。

在连线中,当光标接近引脚时,出现一个"×"形连接标志,此标志代表电气连接的意义,此时单击鼠标左键,这条导线就与引脚建立了电气连接,元件连接过程如图2-43所示。

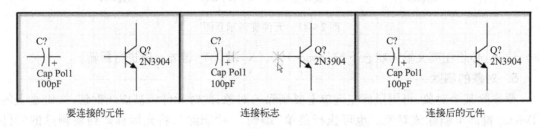

要连接的元件　　　　　　　连接标志　　　　　　　连接后的元件

图2-43　放置导线示意图

2. 导线转弯形式选择

在放置导线时,系统默认的导线转弯方式为90°,有时在连线时需要改变连线的角度,可以在放置导线的状态下按〈Shift〉+〈Space〉键来切换,可以依次切换为90°转角、45°转角和任意转角,如图2-44所示。

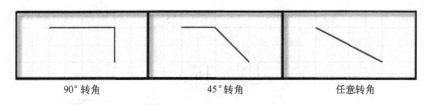

90°转角　　　　　　　45°转角　　　　　　　任意转角

图2-44　导线转弯示意图

3. 放置节点

节点用来表示两条相交导线的是否在电气上连接。没有节点,表示在电气上不连接;有节点,则表示在电气上是连接的。

执行菜单"放置"→"手工放置节点",进入放置节点状态,此时光标上带着一个悬浮的小圆点,将光标移到导线交叉处,单击鼠标左键即可放下一个节点,单击鼠标右键退出放置状态。当节点处于悬浮状态时,按下〈Tab〉键,弹出节点属性对话框,可设置节点大小。

当两条导线呈"T"相交时,系统将会自动放入节点,但对于呈"十"字交叉的导线,必须采用手动放置,如图2-45所示。

需要注意的是,系统也有可能在不该有节点的地方出现节点,应作相应的删除。删除节点的方法是单击需要删除的节点,出现虚线框后,按键盘的〈Delete〉键删除该节点。

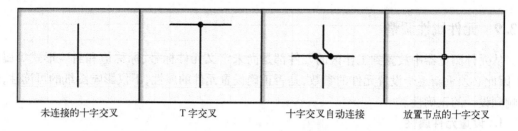

| 未连接的十字交叉 | T字交叉 | 十字交叉自动连接 | 放置节点的十字交叉 |

图2-45 交叉线的连接

连线后的单管放大电路如图2-46所示。

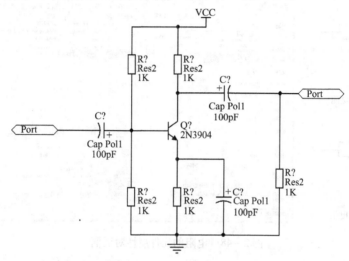

图2-46 连线后的单管放大电路

4. 拖动对象

Protel 2004中,用户可以移动和拖动对象,两者的操作类似,但结果不同。移动对象时,连接在对象上的连线不会跟着移动;而拖动对象时,连线会随之一起移动,如图2-47所示。

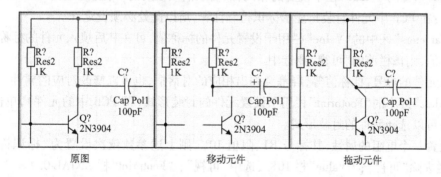

| 原图 | 移动元件 | 拖动元件 |

图2-47 移动和拖动的区别

拖动单个对象:执行菜单"编辑"→"移动"→"拖动",然后选择对象进行拖动。

拖动多个对象:选中一组对象,执行菜单"编辑"→"移动"→"拖动多个对象",然后将对象拖动到适当位置。

2.2.9 元件属性调整

从元件浏览器中放置到工作区的元件都是尚未定义元件标号、标称值和封装形式等属性的，因此必须重新逐个设置元件的参数，是否正确设置元件的属性，不仅影响图纸的可读性，还影响到设计的正确性。

1. 设置元件属性

在放置元件状态时，按键盘上的〈Tab〉键，或者在元件放置好后双击该元件，屏幕弹出元件属性对话框，图 2-48 所示为电阻 RES2 的元件属性对话框，图中主要设置如下。

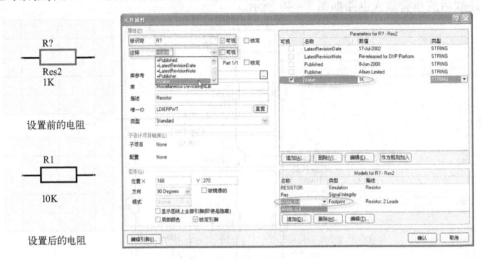

图 2-48　电阻的元件属性对话框

"标识符"栏用于设置元件的标号，同一个电路中的元件标号不能重复。

"注释"栏用于设置元件的型号或标称值，如三极管型号等。对于电阻、电容等元件，该栏与"Value"栏中的意义相同，用于设置元件的标称值，单击其后的按钮，在下拉列表框中选中参数" = Value"，即与"Value"栏中设置的相同，然后取消该栏后的"可视"状态。

注意：在 PCB 中元件封装只显示标识符和注释，所以此处必须设定好。

"Parameters"区中的"Value"栏用于设置元件的标称值，可在其后填入元件的标称值，若要显示标称值，则该栏前的"可视"要选中。

双击元件的标号、标称值等，屏幕会弹出相应的对话框，也可以修改对应的属性。

"Models"区中的"Footprint"栏用于设置元件的封装形式（即 PCB 中的元件），单击右边的下拉箭头可以选择元件的封装形式。

如设置一个电阻的属性，其标号 R1、阻值 10K，则上述参数依次设置为"标识符"栏 R1；"注释"栏去除"可视"；"Value"栏 10K ，选中"可视"；"Footprint"栏 AXIAL-0.4。

Protel DXP 2004 SP2 中元件的封装形式已经集成在元件中，对于初学者只要在其中选取即可，对于比较熟练的设计者则可以自行设置元件的封装形式，常用元件的封装形式如表 2-4 所示。

注意：Footprint 用于设置元件的封装形式，通常应该给每个元件设置合适的封装，Protel DXP 2004 SP2 中元件都自带了封装，可在 Footprint 栏中自行选择。一般为保证 PCB 设计的正常进行，原理图中的元件均要设置好封装形式。

表 2 - 4　常用元件的封装形式

元件封装型号	元 件 类 型	元件封装型号	元 件 类 型
AXIAL-0.3 ~ AXIAL-1.0	通孔式电阻、电感等无极性元件	VR1 ~ VR5	可变电阻器
RAD-0.1 ~ RAD-0.4	通孔式无极性电容、电感、跳线等	IDC * 、HDR * 、MHDR * 、DSUB *	接插件、连接头等
CAPPR * - * x * 、RB. * /. *	通孔式电解电容等	POWER * 、SIP * 、HEADER * X *	电源连接头
DIODE-0.4 ~ DIODE-0.7	通孔式二极管	* -0402 ~ * -7257	贴片电阻、电容、二极管等
TO- * 、BCY- * / *	通孔式晶体管、FET 与 UJT	SO- * / * 、SOT23、SOT89	贴片三极管
DIP-4 ~ DIP-64	双列直插式集成块	SO- * 、SOJ- * 、SOL- *	贴片双排元件
SIP2 ~ SIP20、HEADER *	单列封装的元件或连接头		

2. 为元件添加新封装

在原理图设计时一般要设置好元件的封装形式,以便 PCB 设计时调用,但有时元件自带的封装不符合当前设计的需求,必须更改元件的封装,此时可以在图 2 - 48 的元件属性对话框中的"Models"区进行追加,下面以追加三极管 2N3904 的封装为例进行介绍。

如图 2 - 49 所示,系统默认三极管 2N3904 的封装形式为 BCY-W3/E4,管脚顺序为 123,此时想将元件封装的管脚顺序改为 132,则可以使用封装 TO92-132。

注意:有时为了与当前实际元件管脚顺序相配合,可以自行改变封装形式。

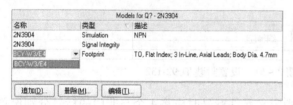

图 2 - 49　2N3904 封装设置

一般在改变封装前,应通过元件查找方式将该封装所在的元件库设置为当前库,否则追加元件封装 TO92-132 后,在"Models"区的"描述"栏中会显示"Footprint not found"提示封装未找到,这会影响到后期的 PCB 设计。

本例中封装 TO92-132 在 ST Power Mgt Voltage Regulator. InLib 库中,追加前应将该库设置为当前库。

单击图 2 - 49 中的"追加"按钮,屏幕弹出"加新的模型"对话框,选择 Footprint 后单击"确认"按钮,屏幕弹出"PCB 模型"对话框,在其中的"名称"栏中输入 TO92-132,"PCB 库"选择"任意",此时对话框中将显示封装的详细信息和封装的图形,确认无误后,单击"确认"按钮完成设置,如图 2 - 50 所示。

设置后的封装信息如图 2 - 51 所示,此时"Models"区中有两种封装供选择,选中 TO92-132,单击"确认"按钮将封装形式设置为 TO92-132。

3. 多功能单元元件属性调整

如果某个元件由多个功能单元件组成(如一个 SN74ALS00AN 中包含有 4 个与非门),在进行元件属性设置时要按实际元件中的功能单元数合理设置元件标号。

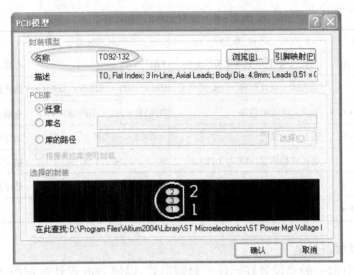

图 2 – 50   追加 TO92-132 封装

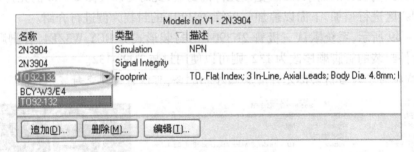

图 2 – 51   设置封装 TO92-132

如某电路使用了 4 个与非门,则定义元件标号时应将 4 个与非门的标号分别设置为 U1A、U1B、U1C、U1D,即这 4 个与非门同属于 U1,这样只用一个 SN74ALS00AN;若 4 个与非门的标号分别设置为 U1A、U2A、U3A、U4A,则在 PCB 设计时将调用 4 个 SN74ALS00AN,这样造成浪费。图 2 – 52 所示为多功能单元元件的标号设置示意图。

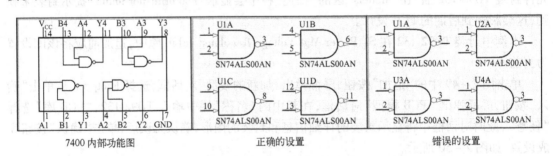

图 2 – 52   多功能单元元件标号设置

设置多功能单元元件时,可双击元件,屏幕弹出属性对话框,如图 2 – 53 所示,其中"标识符"设置元件标号,如 U1;"〉"按钮选择第几套功能单元,具体显示在后面的"Part2/4"中,其中"4"表示共有 4 个功能单元,"2"表示当前选择第 2 套,即元件标号显示为 U1B。

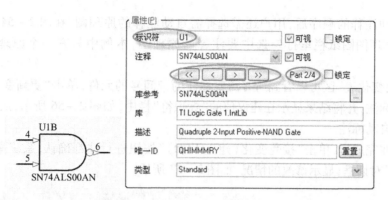

图2-53 多功能单元元件设置

4. 元件标号自动标注

在图2-46中,所有的元件均没有设置标号,元件的标号可以在元件属性对话框中设置,也可以统一标注。统一标注通过执行菜单"工具"→"注释"实现,系统将弹出图2-54所示的"元件自动注释"对话框。

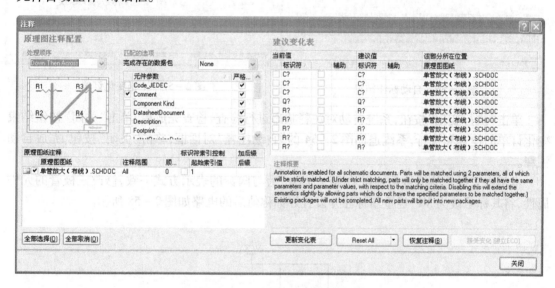

图2-54 元件自动注释对话框

图中"处理顺序"区的下拉列表框中有4种自动注释方式供选择,如图2-55所示,本例中选择"Down Then Across"的注释方式。

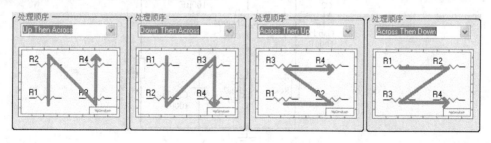

图2-55 自动注释的4种顺序

选择自动注释的顺序后,用户还需选择需自动注释的原理图,在图2-54的"原理图纸注释"区中原理图图纸栏里打勾选中要注释的原理图,本例中只有一个原理图,系统自动选定。

在"建议变化表"区可以看到所有需要标注的带问号的元件,单击"更新变化表"按钮,系统自动进行标注,并将结果显示在建议值的"标识符"栏中,如图2-56所示,从图中可以看出各元件都被自动标注。

自动标注完成后,单击"接受变化(建立ECO)"按钮进行注释确认,系统弹出"工程变化订单(ECO)"对话框,显示修改的情况,如图2-57所示。

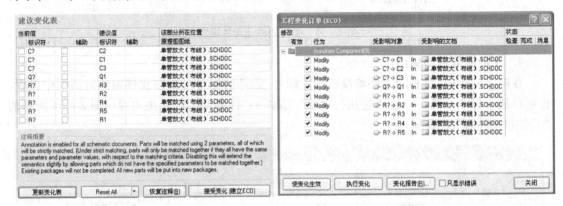

图2-56 自动标注结果　　　　　　　　　　图2-57 工程变化订单

单击"执行变化"按钮,系统自动对注释状态进行检查,检查完成后,单击"关闭"按钮结束变化订单的检查和执行,系统退回图2-54的"自动注释"对话框,单击"关闭"按钮,完成自动注释。

本例中三极管的标号系统自动标注为Q1,为与国标的表示方式一致,修改三极管的元件属性,将其标号改为V1,经重新标注并设置好标称值后的电路如图2-58所示。

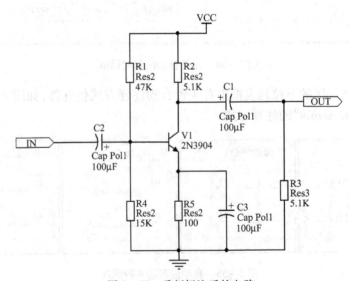

图2-58 重新标注后的电路

5. 利用全局修改功能设置元件属性

图 2 –58 中,电阻和电容的注释 RES2 和 Cap Pol1 对电路来说是无用的,需要将其隐藏,如果一个一个去修改,将耗费大量的时间。Protel DXP 2004 SP2 提供有全局修改功能,下面以电阻为例说明采用全局修改方式统一隐藏电阻注释 RES2 的方法。

将光标移动到电阻上,单击鼠标右键,屏幕弹出图 2 –59 所示的菜单,选择"查找相似对象"子菜单,屏幕弹出"查找相似对象"属性对话框,在"Object Specific"区的"Part Comment"显示为 RES2,单击其后的 ▼ 按钮,选择"Same",然后勾选"选择匹配"选项,如图 2 –60 所示。

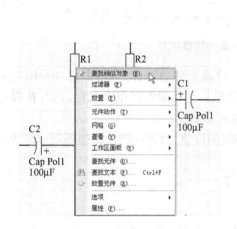

图 2 –59　查找相似对象

图 2 –60　"查找相似对象"属性对话框

设置完成后,单击"确认"按钮,可以看到图中所有具有相同属性的元件都被选中,如图 2 –61 所示,单击"Part Comment",打开属性设置框,如图 2 –62 所示。

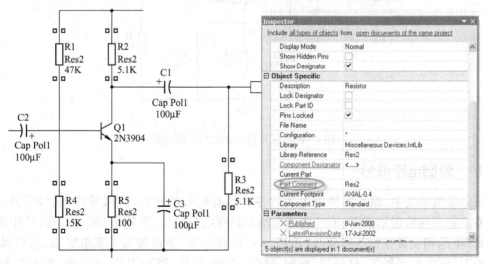

图 2 –61　"元件属性统一设置"对话框

43

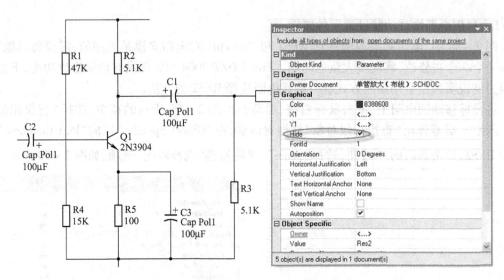

图 2-62 设置注释 RES2 为隐藏状态

在图 2-62 的"Graphical"区中勾选"Hide"项,隐藏元件的注释,从图中可以看出电阻上的注释"RES2"被隐藏,但此时整个原理图都是灰色显示。在编辑区单击鼠标右键,在弹出的菜单中执行"过滤器"→"清除过滤器",原理图恢复正常显示。

设置好注释隐藏后,适当调整元件标号和标称值的位置,设置好的电路如图 2-63 所示。

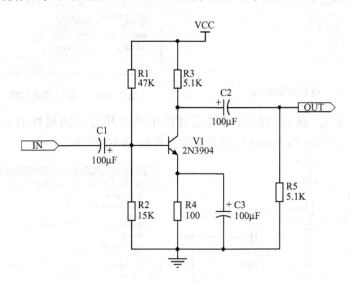

图 2-63 元件属性调整完毕的电路

2.2.10 绘制电路波形

在原理图绘制中,除了要放置上述的各种具有电气特性的元件、导线、端口等外,有时还需要放置一些波形示意图,而这些图形均不具有电气特性,要使用"实用工具栏"中的"描画工具"中的相关按钮或执行菜单"放置"→"描画工具"下的相关子菜单完成,它们属于非电气绘图,可以放置圆弧、椭圆弧、椭圆、饼图、直线、矩形、圆边矩形、多边形、贝塞尔曲线及插入图形等。

实用工具栏可执行菜单"查看"→"工具栏"→"实用工具"打开,其中描画工具如图2-64所示,描画工具栏按钮功能如表2-5所示。

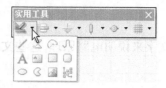

图2-64 描画工具栏

表2-5 描画工具栏按钮功能

按　钮	功　能	按　钮	功　能	按　钮	功　能
	画直线		画多边形		画椭圆弧线
	画贝塞尔曲线		放置说明文字		放置文本框
	画矩形		画圆角矩形		画椭圆
	画饼图		放置图片		设定粘贴队列

1. 绘制正弦曲线

下面以画正弦曲线为例来说明此工具栏的应用,画图过程如图2-65所示。

单击描画工具按钮![],进入画贝塞尔曲线状态。

1)将鼠标移到指定位置,单击鼠标左键,定下曲线的第1点。

2)移动光标到图示的2处,单击鼠标左键,定下第2点,即曲线正半周的顶点。

3)移动光标,此时已生成了一个弧线,将光标移到图示的3处,单击鼠标左键,定下第3点,从而绘制出正弦曲线的正半周。

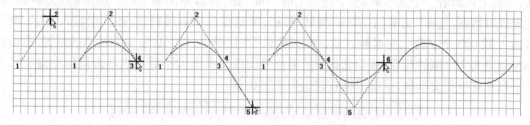

图2-65 绘制正弦波示意图

4)在3处再次单击左键,定义第4点,以此作为负半周曲线的起点。

5)移动光标,在图示的5处单击鼠标左键,定下第5点,即曲线负半周的顶点。

6)移动光标,在图示的6处单击鼠标左键,定下第6点,完成整条曲线的绘制,此时光标仍处于画曲线的状态,可继续绘制,单击鼠标右键退出画曲线状态。

2. 绘制坐标

图2-15中除了画正弦波形外,还要画坐标轴,绘制坐标轴通过画直线按钮![]进行,为了画好箭头,必须将捕获栅格尺寸减小,一般设置为1。

由于系统默认的画直线转弯模式为90°,故在画线过程中在放置直线的状态下按键盘上的〈Shift〉+〈Space〉键将画线的转弯模式设置为任意转角。

放置直线后,双击直线可以修改该直线的属性,主要有线宽、颜色和线风格,线宽有4种选择,默认为Small;线风格有3种选择,分别为Solid(实线)、Doshed(虚线)和Dotted(点线)。

2.2.11　放置文字说明

在电路中,通常要加入一些文字来说明电路原理,这些文字可以通过放置说明文字的方式实现。

1. 放置文本字符串

执行菜单"放置"→"文本字符串",或单击 **A** 按钮,将光标移动到工作区,光标上黏附着一个文本字符串(一般为前一次放置的字符串),按下键盘上的〈Tab〉键,调出"文本注释"属性设置对话框,如图2-66所示,在"文本"栏中填入需要放置的文字(最大为255个字符);在"字体"栏中,按下"变更"按钮,可改变文本的字体、字型和字号,单击"确认"按钮完成设置。将光标移到需要放置说明文字的位置,单击鼠标左键放置文字,单击鼠标右键退出放置状态。

若字符串已经放置好,双击该字符串也可以调出"文本注释"属性设置对话框。

图2-15中,坐标轴中的文字就是通过放置文本字符串的方式实现的。

图2-66　注释属性设置

2. 放置文本框

由于文本字符串只能放置一行,当所用文字较多时,可以采用放置文本框方式解决。

执行菜单"放置"→"文本框",或单击 按钮,进入放置文本框状态,将光标移动到工作区,光标上黏附着一个文本框,按下键盘上的〈Tab〉键,屏幕弹出图2-67所示的"文本框"属性设置对话框,选择"文本"右边的"变更"按钮,屏幕弹出文本编辑区,在其中输入文字(最多可输入32 000个字符),完成输入后,单击"确认"按钮退出,将光标移动到适当的位置,单击鼠标左键定义文本框的起点,移动光标到所需位置设置文本框大小后再次单击鼠标左键定义文本框尺寸并放置文本框,单击鼠标右键退出放置状态。

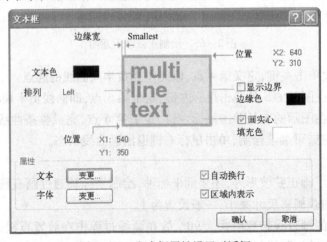

图2-67　文本框属性设置对话框

若文本框已经放置好,双击该文本框也可以调出"文本框"属性设置对话框。

图 2-15 中放置的说明文字"该电路为一个共 E 倒相放大电路,其中 R1、R2 为基极偏置电阻,R3 为集电极电阻,R4 为发射极直流负反馈电阻,用于稳定静态工作点,C3 为交流旁路电容,可以提高电路的交流增益。"就是通过放置文本框实现的。

至此图 2-15 所示的电路绘制完毕。

2.2.12　文件的存盘与退出

1. 文件的保存

执行菜单"文件"→"保存"或单击主工具栏上的 🔲 图标,可自动按原文件名保存,同时覆盖原先的文件。

在保存时如果不希望覆盖原文件,可以采用另存的方法,执行菜单"文件"→"另存为",在弹出的对话框中输入新的存盘文件名后单击"保存"按钮即可。

2. 文件的退出

若要退出当前原理图编辑状态,可执行菜单"文件"→"关闭",若文件已修改未保存过,则系统会提示是否保存。

若要关闭项目文件,可用鼠标右键单击项目文件名,在弹出的菜单中选择"Close Project"关闭项目文件,如图 2-68 所示,若项目中的文件未保存过,屏幕弹出确认选择保存文件对话框,如图 2-69 所示,在其中可以设置是否保存文件,设置完毕单击"确认"按钮完成操作,系统退回原理图设计主窗口。

若要退出 Protel DXP 2004 SP2,可执行菜单"文件"→"退出",若文件未保存,系统弹出图 2-69 所示的对话框提示选择要保存的文件。

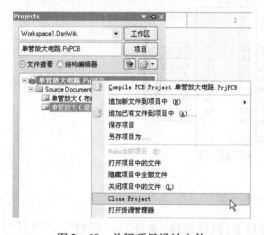

图 2-68　关闭项目设计文件

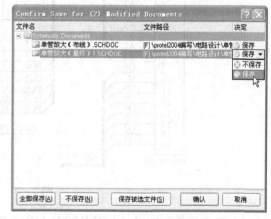

图 2-69　选择保存设计文件

2.3　采用总线形式设计接口电路

在绘制原理图时,尤其是集成电路之间的连接,电路连线很多,显得很复杂,为了解决这个问题,可以使用总线来连接原理图。

所谓总线,就是代表数条并行导线的一条线。总线通常用于元件的数据总线或地址总线上,其本身没有实质的电气连接意义,电气连接的关系要靠网络标号来定义。利用总线和网络标号进行元器件之间的电气连接不仅可以减少图中的导线,简化原理图,而且清晰直观。

使用总线来代替一组导线,需要与总线入口相配合,总线与一般导线的性质不同,必须由总线接出的各个单一入口导线上的网络标号来完成电气意义上的连接,具有相同网络标号的导线在电气上是相连的。

下面以设计图 2 – 70 所示的接口电路为例介绍设计方法。

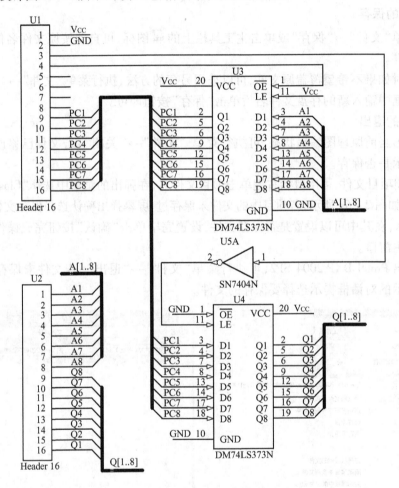

图 2 – 70 接口电路

1)建立文件。在 Protel DXP 2004 SP2 主窗口下,执行菜单"文件"→"创建"→"项目"→"PCB 项目",建立"接口电路"项目文件;执行菜单"文件"→"创建"→"原理图",创建"接口电路"原理图文件并保存。

2)设置元件库。本例中,集成块 DM74LS373N 位于 NSC Logic Latch. IntLib 库中,集成块 SN7404N 位于 TI Logic Gate 1. IntLib 库中,16 脚接插件 Header16 位于 Miscellaneous Connectors. IntLib 库中,根据前述的方法将上述 3 个元件库设置为当前库。

3)放置元件。执行菜单"放置"→"元件",在电路上放置元件 DM74LS373N 两个,

SN7404N 的非门一个,16 脚接插件 Header16 两个。

4)元件属性设置与布局。双击元件设置元件的标号,两个 Header16 的标号分别为 U1、U2,并在"图形"区,勾选方向为"被镜向的",使元件水平翻转;两个 DM74LS373N 的标号分别为 U3、U4,将 U3 设置为"被镜向的";非门 SN7404N 的标号为 U5,选择第一套功能单元。

执行菜单"编辑"→"移动"→"移动",根据图 2 - 70 进行元件布局,将元件移动到合适的位置。

5)执行菜单"文件"→"保存",保存当前文件,此后使用总线和网络标号进行线路连接。

2.3.1 放置总线

1. 放置总线

在绘制原理图时,可以使用配线工具栏上按钮进行。一般通过按钮 ～ 先画元件引脚的引出线,然后再绘制总线。

执行菜单"放置"→"总线"或单击工具栏上按钮 ，进入放置总线状态,将光标移至合适的位置,单击鼠标左键,定义总线起点,将光标移至另一位置,单击鼠标左键,定义总线的下一点,如图 2 - 71 所示。连线完毕,双击鼠标右键退出放置状态。

在画线状态时,按键盘的〈Tab〉键,屏幕弹出总线属性对话框,可以修改线宽和颜色。

2. 放置总线入口

元件引脚的引出线与总线的连接通过总线入口实现,总线入口是一条倾斜的短线段。

执行菜单"放置"→"总线入口",或单击按钮 ，进入放置总线入口的状态,此时光标上带着悬浮的总线入口线,将光标移至总线和引脚引出线之间,按空格键变换倾斜角度,单击鼠标左键放置总线分支线,单击鼠标右键退出放置状态,如图 2 - 72 所示。

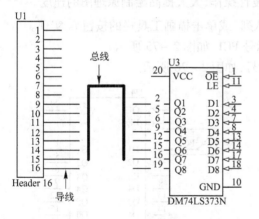

图 2 - 71　放置总线

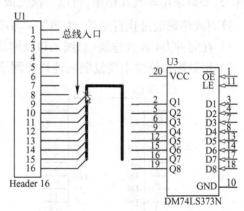

图 2 - 72　放置总线入口

2.3.2 放置网络标号

由于总线不是实际连线,因此实际使用时还必须通过网络标号实现电气连接。在复杂的电路图中,通常使用网络标号来简化电路,具有相同网络标号的图件之间在电气上是相通的。

放置网络标号可以通过菜单"放置"→"网络标签",或单击按钮 实现,系统进入放置网络标号状态,此时光标上黏附着一个默认网络标号"Netlabel1",按键盘上的〈Tab〉键(或者在放置网络标号后直接双击网络标号),系统弹出图2-73所示的属性对话框,可以修改网络标号名、标号方向等,图中将网络标号改为PC1,将网络标号移动至需要放置的对象上方,当网络标号和对象相连处的光标变色,表明与该导线建立电气连接,单击鼠标左键即可放下网络标号,将光标移至其他位置可继续放置,如图2-74所示,单击鼠标右键退出放置状态。

图2-73 "网络标签"属性对话框

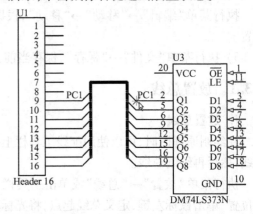

图2-74 放置网络标号

图2-74中,U3的2脚及U1的9脚,均标上网络标号PC1,在电气特性上它们是相连的。

注意:网络标号和文本字符串是不同的,前者具有电气连接功能,后者只是说明文字。

2.3.3 阵列式粘贴

从上面的操作中可以看出,放置引脚引出线、总线分支线和网络标号需要多次重复,占用时间长,如果采用阵列式粘贴,可以一次完成重复性操作,大大提高绘制原理图的速度。

阵列式粘贴通过执行菜单"编辑"→"粘贴队列"或单击描画工具栏的按钮█实现。

1)在元件U4放置连线、总线入口及网络标号PC1,如图2-75所示。

2)用鼠标拉框选中要复制的连线和网络标号,如图2-76所示。

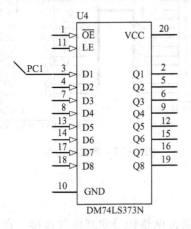

图2-75 连线并放置网络标号

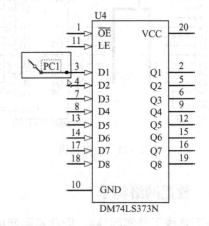

图2-76 选中要复制的对象

3)执行菜单"编辑"→"复制",复制要粘贴的内容。

4)执行菜单"编辑"→"粘贴队列",屏幕上弹出图2-77所示的"设定粘贴队列"对话框,对话框中各项含义如下。

项目数:设置重复放置的次数,本例中要再放置7次,故此处设置为7。

主增量:设置文字的跃变量,正值表示递增,负值表示递减。此处设置为1,即网络标号依次递增1,即为PC2、PC3、PC4等。

次增量:一般不用。

水平:设置图件水平方向的间隔。此处水平方向不移动,故设置为0。

垂直:设置图件垂直方向的间隔。此处由于从上而下放置,故设置为-10。

设置好以上参数后,单击"确认"按钮。

5)将光标移至需要粘贴的起点,单击鼠标左键完成粘贴,粘贴后的电路如图2-78所示。采用相同的方法绘制其他电路,最后完成的电路图如图2-70所示。

图2-77 "设定粘贴队列"对话框

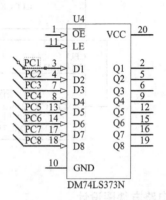

图2-78 阵列式粘贴后的电路

2.4 单片机层次电路图设计

当电路图比较复杂时,用一张原理图来绘制显得比较困难,此时可以采用层次型电路来简化电路,层次型电路将一个庞大的电路原理图分成若干个子电路,通过主图连接各个子电路,这样可以使电路图变得简单。

2.4.1 层次电路设计概念

层次电路图按照电路的功能区分,主图相当于框图,在其中的子图模块中代表某个特定的功能电路。

层次电路图的结构与操作系统的文件目录结构相似,选择工作区面板的"Projects"选项卡可以观察到层次图的结构,图2-79所示为层次电路图的结构。在一个项目中,处于最上方的为主图,一个项目只有一个主图,在主图下方所有的电路图均为子图,图中有4个一级子图,在子图Eight_5x7. SCHDOC和FPGA_U1_Manual. SchDoc前面的框中有"+"号,说明它们中还存在二级子图,单击⊞可以打开二级子图结构。

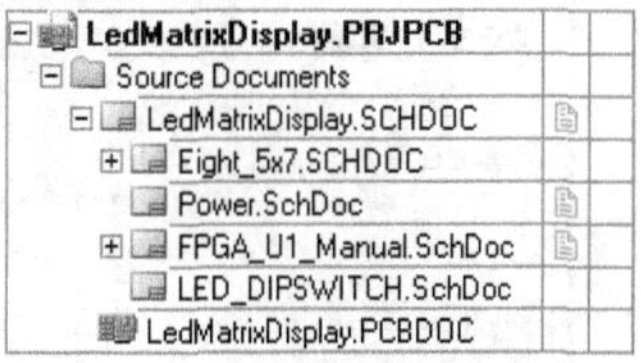

图2-79 层次电路结构

下面以单片机电路为例,介绍层次电路设计。

2.4.2 层次电路主图设计

在层次式电路中,通常主图中是以若干个方块图组成,它们之间的电气连接通过 I/O 端口和网络标号实现。

下面以图 2-80 所示的单片机主图为例,介绍层次电路主图设计。

在 Protel DXP 2004 SP2 主窗口下,执行菜单"文件"→"创建"→"项目"→"PCB 项目",建立"MCU"项目文件;执行菜单"文件"→"创建"→"原理图",创建"MCU"主图原理图文件并保存。

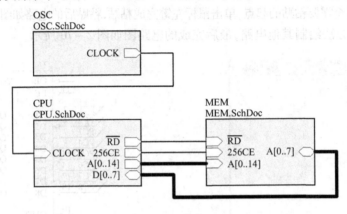

图 2-80 主图 MCU

1. 电路方块图设计

电路方块图,也称为子图符号(图纸符号),是层次电路中的主要组件,它对应一个具体的内层电路,即子图。图 2-80 所示的单片机主图文件,它是由 3 个电路方块图组成。

执行菜单"放置"→"图纸符号",或单击配线工具栏上按钮 ,光标上黏附着一个悬浮的子图符号,按键盘上的〈Tab〉键,屏幕弹出"图纸符号"属性对话框,在"标识符"栏中填入子图符号名,如"CPU",在"文件名"栏中填入子图文件的名称(含扩展名),如"CPU.SchDoc",如图 2-81 所示,设置完毕后,单击"确认"按钮,关闭对话框,将光标移至合适的位置后,单击鼠标左键定义方块的起点,移动鼠标,改变其大小,大小合适后,再次单击鼠标左键,放下子图符号,如图 2-82 所示。

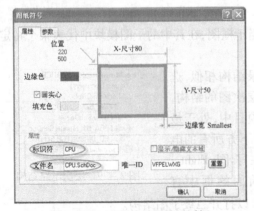

图 2-81 子图符号属性对话框

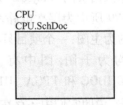

图 2-82 子图符号

52

根据图 2 - 81,按同样的方法放置子图模块 OSC,子图符号名 OSC,子图文件名 OSC. SchDoc;子图模块 MEM,子图符号名 MEM,子图文件名 MEM. SchDoc。

2. 放置子图符号的 I/O 接口

执行菜单"放置"→"加图纸入口",或单击配线工具栏上 按钮,将光标移至图 2 - 82 子图符号内部,在其边界上单击鼠标左键,此时光标上出现一个悬浮的 I/O 端口,该 I/O 端口被限制在子图符号的边界上,光标移至合适位置后,再次单击鼠标左键,放置 I/O 端口,此时可以继续放置 I/O 端口,单击鼠标右键退出放置状态。

双击 I/O 端口,屏幕弹出图 2 - 83 所示的子图符号端口属性对话框,其中:"名称"栏设置端口名;"位置"栏设置子图符号 I/O 端口的上下位置,以左上角为原点,向下移动的数值,如 30 表示下移 30mil;【I/O 类型】栏设置端口的电气特性,共有 4 种类型,分别为 Unspecified(未指明或不指定)、Output(输出端口)、Input(输入端口)、Bidirectional(双向型),根据实际情况选择端口的电气特性。

若要放置低电平有效的端口名,如图中的 $\overline{RD}$,则将"名称"栏的端口名设置为"R\D\"即可。

根据图 2 - 81 设置好各子图符号的端口,端口 I/O 类型如下:子图 OSC 中的端口 CLOCK 为输出;子图 CPU 中的端口 CLOCK 为输入,$\overline{RD}$、256CE、A[0..14]为输出,D[0..7]为双向;子图 MEM 中的端口 256CE、$\overline{RD}$、A[0..14]为输入,D[0..7]为双向。

放置好子图符号端口的主图如图 2 - 84 所示。

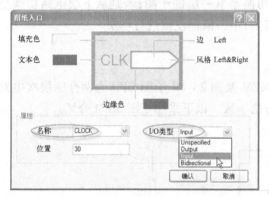

图 2 - 83 子图符号端口属性对话框

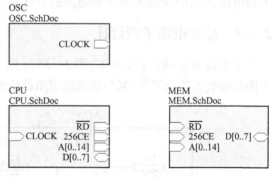

图 2 - 84 设置子图端口的主图

3. 连接子图符号

在图 2 - 84 中,A[0..14]和 D[0..7]为总线,必须用总线进行连接;CLOCK、$\overline{RD}$和 256CE 用普通导线连接。

执行菜单"放置"→"总线",连接子图模块 CPU 和子图模块 MEM 之间的 A[0..14]和 D[0..7]。

执行菜单"放置"→"导线",连接子图模块 CPU 和子图模块 MEM 中的 256CE、$\overline{RD}$,子图模块 CPU 和子图模块 OSC 中的 CLOCK。

4. 由子图符号生成子图文件

执行菜单"设计"→"根据符号创建图纸",将光标移到子图符号上,单击鼠标左键,屏幕弹出"I/O 端口特性转换"对话框,如图 2 - 85 所示。选择"Yes",生成的电路图中的 I/O 端口的输入输出特性将与子图符号 I/O 端口的特性相反;选择"No",则生成的电路图中的 I/O 端口的输入输出特性将与子图符号 I/O 端口的特性相同,一般选择"No"。

此时 Protel DXP 2004 SP2 自动生成一张新电路图,电路图的文件名与子图符号中的文件名相同,同时在新电路图中,已自动生成对应的 I/O 端口。

本例中依次在 3 个子图符号上创建图纸,分别生成子电路 OSC. SchDoc、CPU. SchDoc 和 MEM. SchDoc,并在电路中自动形成 I/O 端口,层次结构图如图 2-86 所示。

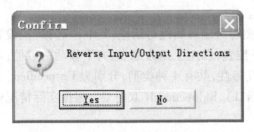

图 2-85　I/O 端口特性转换对话框

图 2-86　单片机层次电路结构图

5. 层次电路的切换

在层次电路中,经常要在各层电路图之间相互切换,切换的方法主要有两种。

1) 利用工作区面板,鼠标左键单击所需文档,便可在右边工作区中显示该电路图。

2) 执行菜单"工具"→"改变设计层次"或单击主工具栏上按钮，将光标移至需要切换的子图符号上,单击鼠标左键,即可将上层电路切换至下一层的子图;若是从下层电路切换至上层电路,则是将光标移至下层电路的 I/O 端口上,单击鼠标左键进行切换。

2.4.3　层次电路子图设计

下面以图 2-87 子图 OSC、图 2-88 子图 MEM 及图 2-89 子图 CPU 为例介绍层次电路子图的绘制方法,子图绘制与普通原理图设计方法一致。以下采用子图 MEM 介绍。

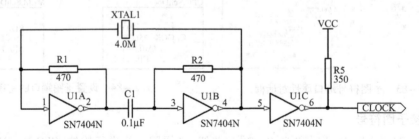

图 2-87　子图 OSC

1) 载入元件库。

本例中的元件在 ST Logic Latch. IntLib、Philips Microcontroller 8 Bit. IntLib、ST Memory EPROM 16—512 Kbit. IntLib、TI Logic Gate 1. IntLib、Miscellaneous Devices. IntLib 库中,将上述元件库均设置为当前库。

2) 根据图 2-88 放置元件并布局。

3) 采用阵列式粘贴放置导线和总线入口及其网络标号。

4) 采用导线和总线分别连接电路。

54

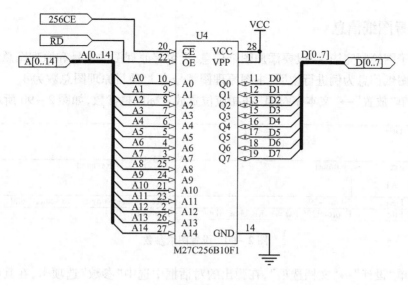

图 2-88 子图 MEM

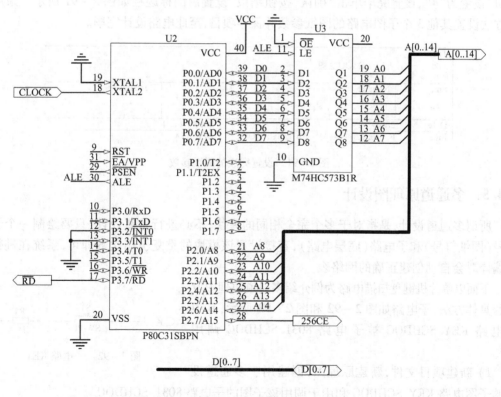

图 2-89 子图 CPU

5）分别在 U4 两侧的总线上放置总线网络标号 A[0..14] 和 D[0..7]，代表该总线上的网络标号为 A0 ~ A14 和 D0 ~ D7。在相应的子图中也必须在总线上加入相同的总线网络标号，这样才能使它们具备连接关系。

6）依次画好其他两个子图电路并保存电路，最后保存项目文件。

2.4.4 设置图纸信息

主图和子图绘制完毕，一般要添加图纸信息，设置好原理图的编号和原理图总数。下面以设置主图的图纸信息为例进行说明，主图原理图编号为 1，项目原理图总数为 4。

执行菜单“放置”→“文本字符串”在相应位置放置标题栏参数，如图 2－90 所示。

Title	=Title		
Size A4	Number		Revision
Date:	2008-7-29	Sheet =SheetNumber of=SheetTotal	
File:	F:\protel2004编写\..\MCU.SCHDOC	Drawn By:	

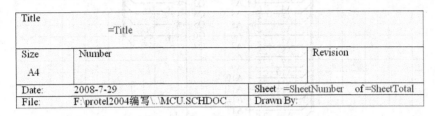

图 2－90 设置图纸参数

执行菜单“设计”→“文档选项”，在弹出的对话框中选中“参数”选项卡，在其中设置标题栏参数，其中参数“Title”设置为“MCU 主图”，参数“SheetNumber”设置为“1”，参数“SheetTotal”设置为“4”，设置完毕单击“确认”按钮结束，设置后的标题栏如图 2－91 所示。采用同样方法设置其他 3 个子图电路的图纸参数并保存项目，至此电路设计完毕。

Title	MCU主图		
Size A4	Number		Revision
Date:	2008-7-29	Sheet 1 of 4	
File:	F:\protel2004编写\..\MCU.SCHDOC	Drawn By:	

图 2－91 设置完成的图纸参数

2.4.5 多通道原理图设计

所谓多通道设计，是指对于多个完全相同的模块，不必进行重复设计，只要绘制一个子图符号（图纸符号）和子电路（底层电路），直接设置该模块的重复引用次数即可，系统在进行项目编译时会自动创建正确的网络表。

下面以单片机键盘扫描电路为例介绍多通道原理图设计的具体方法，子电路如图 2－92 和图 2－93 所示，其中子电路 KEY. SCHDOC 被子电路 8031. SCHDOC 调用 8 次。

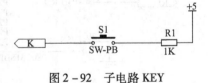

图 2－92 子电路 KEY

1）新建项目文件，新建原理图，创建用于多通道设计的子图电路 KEY. SCHDOC 和用于调用该子图的子电路 8031. SCHDOC。

2）创建主图文件 MCU1. SCHDOC。

3）在主图文件 MCU1. SCHDOC 下执行菜单“设计”→“根据图纸建立图纸符号”，屏幕弹出图 2－94 所示的选择文档对话框，用于设置产生子图符号的电路，图中选择 KEY. SCHDOC，单击“确认”按钮，屏幕弹出“I/O 端口特性转换”对话框，选择“No”按钮，系统处于放置子图符号状态，光标上黏附着一个子图符号，如图 2－95 所示。

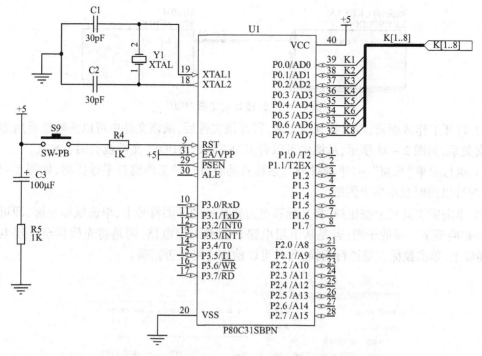

图 2 - 93　子电路 8031

图 2 - 94　选择文档对话框

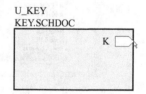

图 2 - 95　自动创建的子图符号

在子图符号处于放置状态时,按键盘的〈Tab〉键,打开图 2 - 81 所示的"图纸符号"属性对话框,设置"标识符"栏中内容为"Repeat(U_KEY,1,8)",其中"Repeat"为重复引用命令,"U_KEY"为子图符号的名称,"1"表示开始引用的序号,"8"表示最后引用的序号,从中可以看出子图 KEY.SCHDOC 共引用 8 次。

设置完毕,将光标移动到适当位置,放置子图符号,放置好后单击鼠标右键退出放置状态,放置好的图纸如图 2 - 96 所示,系统将自动将子图符号的 I/O 接口名称由"K"修改为"Repeat(K)"。若未修改过来,可自行编辑子图符号属性修改端口名称。

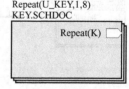

图 2 - 96　放置好的 KEY 子图符号

采用同样方法产生子电路 8031 的子图符号。

4)根据电气属性在主图中连接好两个子图符号,完成主图设计,连接好的主图如图 2 - 97 所示。最后保存所有电路。

5)执行菜单"项目管理"→"Compile PCB Project MCU1. PRJPCB"进行项目编译。

6)执行菜单"报告"→"Report Project Hierarchy",系统将生成该层次电路关系文件 MCU1. REP。

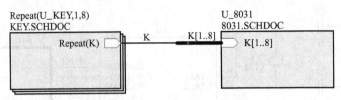

图 2-97　连接好的主图 MCU1

7) 打开工作区面板,可以找到该文件,打开该文件后,从该文件中可以清晰地看到原理图的层次关系,如图 2-98 所示,从图中可以看出"KEY.SCHDOC"文件被引用了 8 次。

8) 执行菜单"视窗"→"平铺排列",系统自动将打开的工作窗口平铺排列,如图 2-99 所示,此时可以同时观察多个图纸。

9) 单击主工具栏上按钮，将光标移至需要切换的子图符号上,单击鼠标左键,即可将上层电路切换至下一层的子图;若是从下层电路切换至上层电路,则是将光标移至下层电路的 I/O 端口上,单击鼠标左键进行切换,此时可以检查电路是否正确。

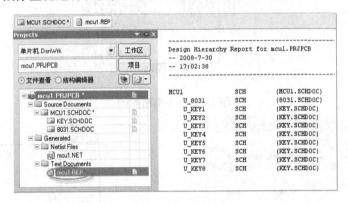

图 2-98　层次图关系报告文件内容

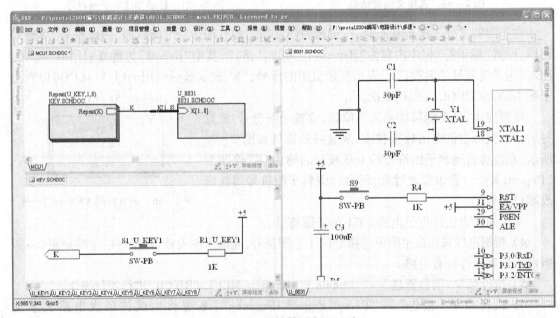

图 2-99　平铺排列窗口显示

2.5 电气检查与报表生成

原理图设计的最终目的是PCB设计,其正确性是PCB设计的前提,原理图设计完毕,必须对设计完成的原理图进行电气检查,找出错误并进行修改,电气检查通过原理图编译实现。对于项目文件中的原理图电气检查可以设置电气检查规则,而对于独立的原理图电气检查则不能设置电气检查规则,只能直接进行编译。

在一个工程项目中,一般还需要输出报表文件,用于说明电路中的主要信息。

2.5.1 独立原理图电气检查

电气检查是按照一定的电气规则,检查已绘制好的电路图中是否有违反电气规则的错误。电气检查报告一般以错误(Error)或警告(Warning)来提示。

对于不属于任何项目文件的独立原理图是不能进行电气检查规则设置的,但仍可以使用默认规则进行电气规则检查。下面以图2-15所示的电路为例介绍独立原理图的电气检查,独立原理图标志如图2-100所示。

文件查看
结构编辑器
Free Documents
Source Documents
单管放大(最终).SCHDOC

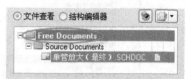

图2-100 独立原理图

执行菜单"项目管理"→"Compile Document 单管放大(最终).SCHDOC",系统自动检查电路,并弹出"Messages"对话框,显示违规信息,若没有违规地方,输出的"Messages"对话框为空白。本例中的违规信息如图2-101所示。

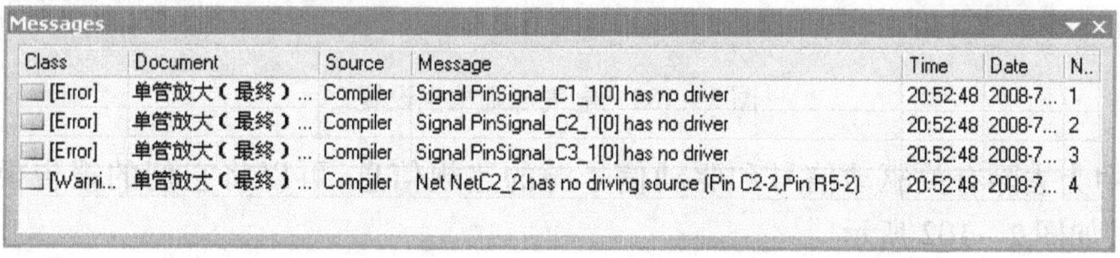
Messages
Class
Document
Source
Message
Time
Date
N..
[Error] 单管放大(最终)... Compiler Signal PinSignal_C1_1[0] has no driver 20:52:48 2008-7... 1
[Error] 单管放大(最终)... Compiler Signal PinSignal_C2_1[0] has no driver 20:52:48 2008-7... 2
[Error] 单管放大(最终)... Compiler Signal PinSignal_C3_1[0] has no driver 20:52:48 2008-7... 3
[Warni... 单管放大(最终)... Compiler Net NetC2_2 has no driving source (Pin C2-2,Pin R5-2) 20:52:48 2008-7... 4

图2-101 电气规则检查违规信息

从违规信息中可以看出来,有3个错误(Error)和1个警告(Warning),错误在于C1的1脚、C2的1脚和C3的1脚没有驱动信号,警告在于网络NetC2_2没有驱动信号源,以上违规对于电路仿真来说影响很大,而对于PCB设计来说是没有影响的,可以忽略,故本电路没有违反设计规则。

2.5.2 项目文件原理图电气检查

在进行项目文件原理图电气检查之前一般根据实际情况设置电气检查规则,以生成方便用户阅读的检查报告。

1. 设置检查规则

执行菜单"项目管理"→"项目管理选项",打开"项目管理选项"对话框,单击"Error Reporting"选项卡设置违规选项,如图2-102所示,可以报告的错误项主要有以下几类。

Violations Associated with Buses:与总线有关的规则;

Violations Associated with Components:与元件有关的规则;

Violations Associated with Documents:与文档有关的规则;

Violations Associated with Nets：与网络有关的规则；

Violations Associated with Others：与其他有关的规则；

Violations Associated with Parameters：与参数有关的规则。

每项都有多个条目，即具体的检查规则，在条目的右侧设置违反该规则时的报告模式，有"无报告"、"警告"、"错误"和"致命错误"4种。

电气检查规则各选项卡一般情况下选择默认。

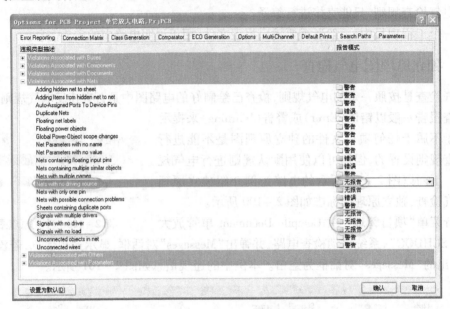

图2-102　电气规则检查设置

本例中为去除有关驱动信号和驱动信号源的违规信息，可以将它们的报告模式设置为"无报告"，如图2-102所示。

2. 通过原理图编译进行电气规则检查

在图2-15所示的原理图做局部修改，将标号C2改为C1，增加一个空的接地符号，修改后的电路如图2-103所示，从图中可以看出违规的内容是：有两个电容的标号都是C1，有一个未连接的接地符号。

执行菜单"项目管理"→"Compile PCB Project 单管放大电路.PrjPCB"，系统自动检查电路，并弹出"Messages"对话框，显示当前检查中的违规信息，如图2-104所示。

单击某项违规信息，屏幕弹出编译错误窗口，显示违规元件，同时违规处将高亮显示，如图2-104所示。

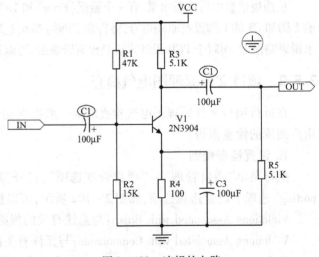

图2-103　违规的电路

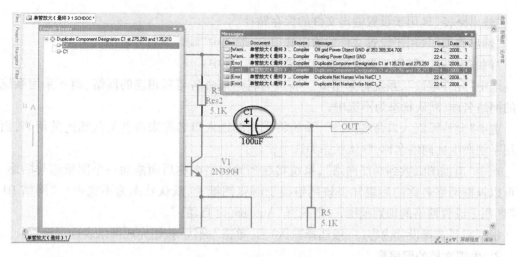

图 2 - 104　违规信息显示

从图中可以获得违规元件的坐标位置,这样可以迅速找到违规元件并进行修改,修改电路后再次进行编译,直到编译无误为止。

按照程序给出的错误情况修改电路图,图 2 - 103 中将电容 C1 标号改为 C2,删除多余的接地符号,然后再次进行电气检查,错误消失。

注意:在编译过程中,可能出现不显示"Messages"对话框的问题,可以执行菜单"查看"→"工作区面板"→"System"→"Message",打开"Messages"对话框。

2.5.3　生成网络表

网络表文件(* . Net)是一张电路图中全部元件和电气连接关系的列表,它主要说明电路中的元件信息和连线信息,是原理图与印刷电路板的接口,也是电路板自动布线的灵魂。用户可以由原理图文件生成网络表,也可以由项目文件生成网络表。

1. 设置网络表选项

执行菜单"项目管理"→"项目管理选项",打开"项目管理选项"对话框,单击"Options"选项卡进行网络表选项设置,如图 2 - 105 所示。

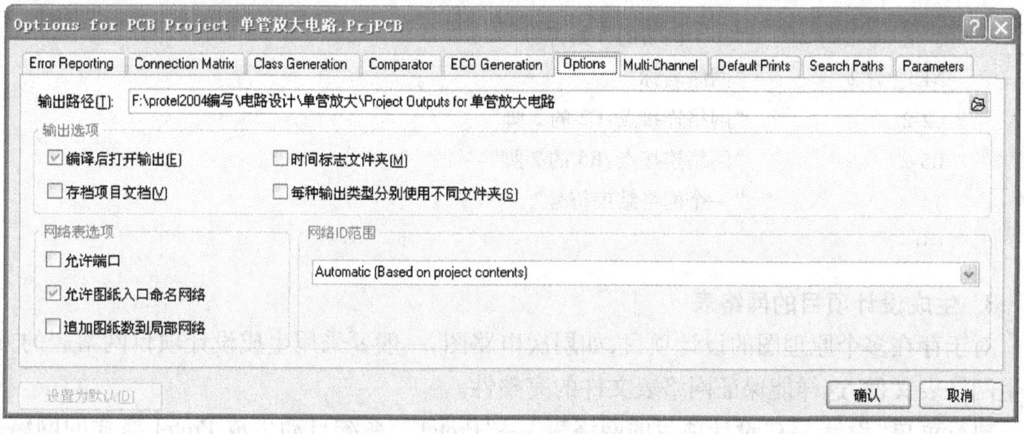

图 2 - 105　网络表选项设置

"输出路径"区用于设置输出文件的保存路径。

"输出选项"区用于设置文件的输出选项,一般选中"编译后打开输出"。

"网络表选项"区用于设置网络表的输出信息,其中:

选中"允许端口",系统将采用 I/O 端口的名称来命名与其相连的网络,而不采用系统产生的网络名称,默认状态为不选中;

选中"允许图纸入口命名网络",系统将采用图纸入口名称来命名与其相连的网络,而不采用系统产生的网络名称,默认状态为选中;

选中"追加图纸数到局部网络",系统将在当地网络名称后面添加一个图纸编号后缀,这样可以根据网络名称的后缀知道该网络位于哪张图纸上,默认状态为不选中。"网络 ID 范围"区用于设置网络的识别范围,一般选择"Automatic(自动)"。

根据需要选择设置内容(一般选择默认)后,单击"确认"按钮完成网络表选项设置。

2. 生成文档的网络表

在生成网络表前,必须在原理图中对所有的元件设置好元件标号(Designator)和封装形式(Footprint)。

执行菜单"设计"→"文档的网络表"→"Protel",系统自动生成 Protel 格式的网络表,在工作区面板中可以打开网络表文件(∗.NET)。

在网络表中,以"["和"]"将每个元件单独归纳为一项,每项包括元件名称、标称值和封装形式;以"("和")"把电气上相连的元件管脚归纳为一项,并定义一个网络名。

下面是单管放大电路网络表的部分内容。(其中"与"中的内容是编者添加的说明文字)

[	"元件描述开始符号"
R1	"元件标号(Designator)"
AXIAL-0.4	"元件封装(Footprint)"
47k	"元件型号或标称值(Part Type)"
	"三个空行用于对元件作进一步说明,可用可不用"
]	"元件描述结束符号"
……	
(	"一个网络的开始符号"
NET_C2-2	"网络名称"
C2-2	"网络连接点:C2 的 2 脚"
R5-2	"网络连接点:R5 的 2 脚"
)	"一个网络结束符号"
……	

3. 生成设计项目的网络表

对于存在多个原理图的设计项目,如层次电路图,一般要采用生成设计项目网络表的方式产生网络表文件,这样能保证网络表文件的完整性。

执行菜单"设计"→"设计项目的网络表"→"Protel",系统自动生成 Protel 格式的网络表,在工作区面板中可以打开网络表文件(∗.NET)。

2.5.4 生成元件清单

一般电路设计完毕,需要产生一份元件清单,以便于采购与管理。

执行菜单"报告"→"Bill of Materials",可以产生元件清单,如图 2－106 所示,在"其它列"中可以选择要输出的报表内容。图中给出了元件的标号、标称、描述、封装、库元件名及数量等信息。

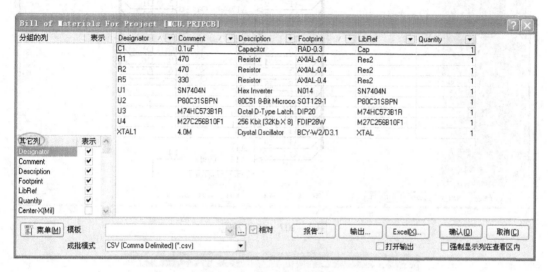

图 2－106　单片机电路元件清单

单击图中的"报告"按钮,屏幕弹出"报告预览"对话框,可以打印报告文件,也可以将文件另存为电子表格形式(＊.xls)、PDF 格式(＊.pdf)等。

单击图中的"输出"按钮,可以导出输出文件。

单击图中的"Excel"按钮,可以输出 Excel 文件。

2.6　原理图输出

1. 打印预览

执行菜单"文件"→"打印预览",屏幕弹出图 2－107 所示的"打印预览"对话框,从图中可以观察打印的输出效果,如果不满意可以返回并重新进行修改。单击对话框下方的"打印"按钮,系统弹出"打印文件"对话框进行打印,如图 2－108 所示。

2. 打印输出

执行菜单"文件"→"打印",屏幕弹出图 2－108 所示的"打印文件"对话框,可以进行打印设置,并打印输出原理图。

对话框中各项说明如下。

"打印机"区中,"名称"下拉列表框:用于选择打印机。

"打印范围"区可选择打印输出的范围。

"拷贝"区设置打印的份数,一般要选中"自动分页"。

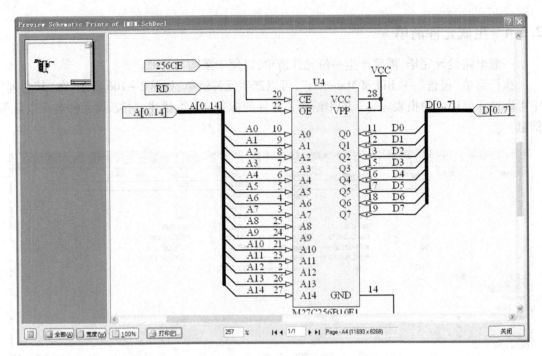

图 2 – 107　打印预览

图 2 – 108　打印文件对话框

"打印什么"区用于设置要打印的文件,有 4 个选项,说明如下。

Print All Valid Documents:打印整个项目中的所有图。

Print Active Document:打印当前编辑区的全图。

Print Selection:打印编辑区中所选取的图。

Print Screen Region:打印当前屏幕上显示的部分。

"打印选项"区设置打印工作选项,一般采用默认。

所有设置完毕,单击"确认"按钮打印输出原理图。

2.7 实训

2.7.1 实训1 原理图绘制基本操作

1. 实训目的

1）掌握 Protel DXP 2004 SP2 的基本操作。

2）掌握原理图编辑器的基本操作。

3）学会绘制简单的电路原理图。

2. 实训内容

1）新建项目文件,将文档另存为 Mydesign. PrjPCB。

2）新建原理图文件,将文档另存为 DGFD. SCHDOC。

3）参数设置。设置电路图大小为 A4、横向放置、标题栏选用标准标题栏,捕获栅格和可视栅格均设置为 10。

4）载入元件库 Miscellaneous Devices. InLib。

5）放置元件。如图 2-109 所示,从元件库中放置相应的元件到电路图中,并对元件做移动、旋转等操作,同时进行属性设置,其中无极性电容的封装采用 RAD-0.1,电解电容的封装采用 CAPPR1.5-4x5,电阻的封装采用 AXIAL-0.4。

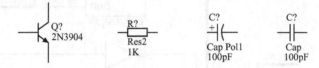

图 2-109 元件放置

6）全局修改。图 2-109 中各元件的标号和标称值的字体改为小四号宋体,设置元件"注释"为"=Value",并隐藏"注释",观察元件变化。

7）选中所有元件,并将元件删除。

8）绘制图 2-15 所示的单管放大电路,元件封装均使用默认,完成后将文件存盘。

9）如图 2-15 所示,在电路图上使用画图工具栏绘制波形。

10）如图 2-15 所示,在电路图上放置说明文字和文本框。

11）保存文件。

3. 思考题

1）为什么要给元件定义封装形式?是否所有原理图中的元件都要定义封装形式?

2）在进行线路连接时应注意哪些问题?

3）如何查找元件?

4）如何实现全局修改和局部修改?

2.7.2 实训2 绘制接口电路图

1. 实训目的

1）进一步掌握原理图编辑器的基本操作。

2）掌握较复杂电路图的绘制。

3）掌握总线和网络标号的使用。

4）掌握电路图的编译校验、电路错误修改和网络表的生成。

2. 实训内容

1）新建项目文件,将文档另存为"接口电路 . PrjPCB"。

2）新建一张电路图,将文档另存为"接口电路 . SCHDOC"。

3）绘制接口电路图。设置图纸大小选择为 A4,绘制图 2 – 110 所示的电路,其中元件标号、标称值及网络标号均采用小四号宋体,完成后将文件存盘。

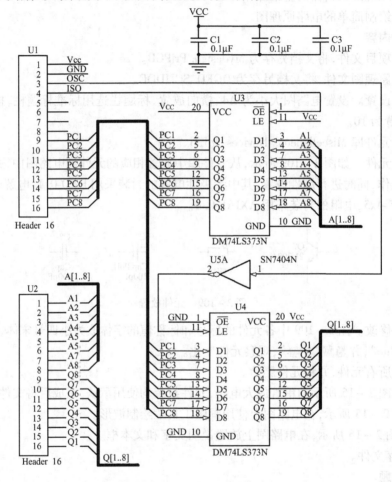

图 2 – 110 接口电路图

4）对完成的电路图进行编译校验,若有错误,加以改正,直到校验无原则性错误。

5）生成修改后的电路图的网络表文件,并查看网络表文件,看懂网络表文件的内容。

6）生成元件清单。

3. 思考题

1）使用网络标号时应注意哪些问题?

2）如何查看编译检查的内容? 它主要包含哪些类型的错误?

3）总线和一般连线有何区别? 使用中应注意哪些问题?

4）网络表文件能否直接编辑形成? 如能,应注意哪些问题?

66

2.7.3 实训3 绘制功放电路层次图

1. 实训目的

1）熟练掌握原理图编辑器的操作。

2）掌握层次式电路图的绘制方法，能够绘制较复杂的层次式电路。

3）进一步熟悉编译校验和网络表的生成。

2. 实训内容

要绘制的层次式电路图的结构如图2－111所示，主图和各子图分别见图2－112～图2－117。

1）新建项目文件，将文档另存为"功放.PrjPCB"。

2）新建1张电路图，将文档另存为"Power Amplifier.
SCHDOC"，设置图纸大小设置为A4，参照图2－112完成层次式
电路图主图的绘制。图中，子图符号名和子图电路名如图示；
各子图符号I/O口中，端口R IN、L IN、L TONE IN、R TONE
IN、L IN1、R IN1类型为Input；端口L OUT1、R OUT1、L TONE
OUT、R TONE OUT类型为Output。主图电路设计完毕，保存文件。

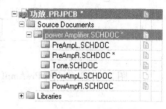

图2－111 层次电路结构

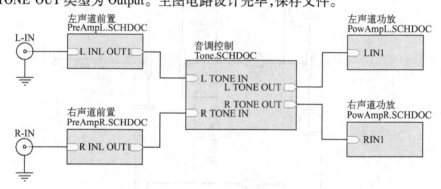

图2－112 主图 Power Amplifier.SCHDOC

3）执行菜单"设计"→"根据符号创建图纸"，将光标移到子图符号"左声道前置"上，单击
鼠标左键，屏幕弹出"I/O端口特性转换"对话框，选择"No"，使生成的电路图中的I/O端口的
输入输出特性将与子图符号I/O端口的出特性相同，系统自动建立一个新电路图，在产生的新
电路图上按照图2－113绘制第1张子图并存盘。

4）采用同样方法，依次根据图2－114～图2－117绘制其余子图并保存，注意左右声道的
电路可以复制后修改元件标号和端口即可。

5）执行菜单"设计"→"文档选项"，在弹出的对话框中选中"参数"选项卡，在其中设置标
题栏参数。以主图"Power Amplifier.SCHDOC"为例，其中参数"Title"设置为"功放主图"，参数
"SheetNumber"设置为"1"（表示第1张图），参数"SheetTotal"设置为"6"（表示共有6张图），
设置完毕单击"确认"按钮结束。采用同样方法依次将其余5张图纸的编号设置为2～6，图纸
总数均为6，设置完毕保存项目文件。

6）对整个层次式电路图进行编译校验，若有错误则加以修改，观察编译结果中的警告信
息，查看警告的原因。

7) 生成此层次式电路的网络表,检查网络表各项内容,是否与电路图相符合。

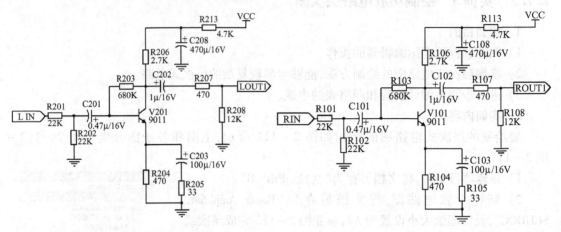

图 2 – 113 子图 PreAmpL. SCHDOC　　　　　图 2 – 114 子图 PreAmpR. SCHDOC

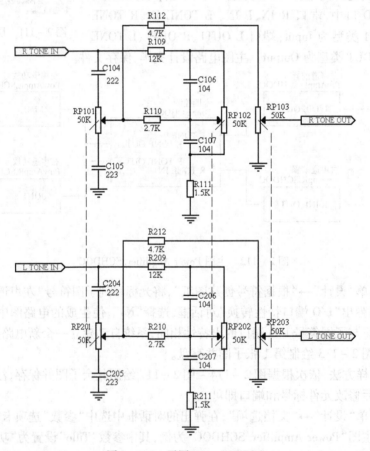

图 2 – 115 子图 Tone. SCHDOC

3. 思考题

1）简述设计层次式电路图的步骤。

2）设计层次式电路图时应注意哪些问题?

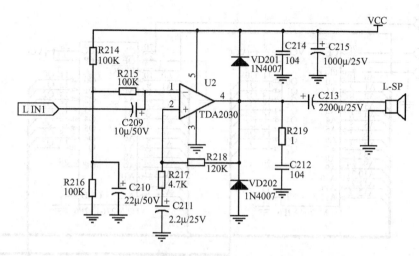

图 2 – 116　子图 PowAmpL. SCHDOC

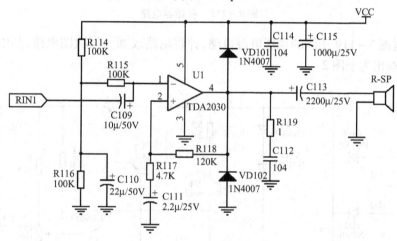

图 2 – 117　子图 PowAmpR. SCHDOC

2.8　习题

1. 在 D:\下新建一个名为 MCU. PrjPCB 的 PCB 项目文件,并在其中新建一个原理图文件,启动原理图编辑器。

2. 采用元件搜索的方式将 RES2、74LS00、4000 所在的元件库设置为当前库。

3. 新建 1 张原理图,设置图纸尺寸为 A4,图纸纵向放置,图纸标题栏采用标准型。

4. 如何进行参数设置使拖动元件时,与之相连的导线也一起移动?

5. 如何从原理图生成网络表文件?

6. 如何进行原理图编译? 哪些编译信息可以忽略?

7. 网络标号与标注文字有何区别? 使用中应注意哪些问题?

8. 绘制图 2 – 63 所示的单管放大电路,对电路进行编译检查,并产生元件清单。

9. 绘制一个正弦波波形。

10. 绘制图 2 – 118 所示的电路,并说明总线的使用方法。

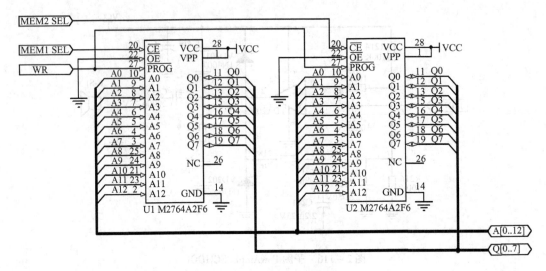

图 2 – 118　存储器电路

11. 绘制图 2 – 119 所示的稳压电源电路,并将电路改画为层次图电路,其中整流滤波为子图 1,稳压输出为子图 2。

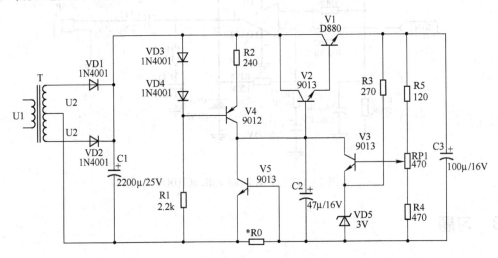

图 2 – 119　串联调整型稳压电源

12. 如何在原理图中选用多套功能单元元器件的不同功能单元?

第 3 章　原理图元器件设计

本章要点

- 原理图元器件库的建立与维护
- 原理图元器件制作
- 元器件属性设置

随着新型元器件不断推出,在实际电路设计中可能会碰到一些新的元器件,而这些新的元器件在元器件库中没有,这就需要用户自己动手创建该元器件的电气图形符号,也可以到 Altium 公司的网站下载最新的元器件库。

3.1　元器件库编辑器

新建原理图元器件必须在原理图元器件库状态下进行,其操作界面与原理图编辑界面相似,不同的是增加了专门用于元器件制作和库管理的工具。

3.1.1　启动元器件库编辑器

进入 Protel DXP 2004 SP2,执行菜单"文件"→"创建"→"库"→"原理图库",打开原理图元器件库编辑器,系统自动产生一个原理图库文件"Schlib1. SchLib",如图 3 – 1 所示。

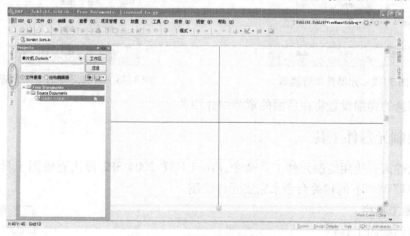

图 3 – 1　元件库编辑器主界面

图中元件库编辑器的工作区划分为 4 个象限,象直角坐标一样,其中心位置坐标为(0,0),编辑元件通常在第四象限进行。

执行菜单"文件"→"保存",将该库文件保存到指定文件夹中。

3.1.2　元器件库编辑管理器的使用

单击图 3 – 1 中编辑器左侧的标签"SCH Library",在工作区中打开原理图元器件库编辑管理器,如图3-2所示,它主要包含4个区域,即"元件"、"别名"、"Pins"、"模型",各区域主要功能如下。

"元件"区:用于选择元器件,设置元件信息;

"别名"区:用于设置选中元器件的别名,一般不设置;

"Pins"区:用于元器件引脚信息的显示及引脚设置;

"模型"区:用于设置元器件的PCB封装、信号的完整性及仿真模型等。

图3-2中由于库中没有元器件,故所有区域的内容都是空的。

图3-3所示为集成元器件库Miscellaneous Devices. InLib中的原理图元器件库编辑管理器,从图中可以看出各区域都设置了相关信息。

图3-2 元器件库管理器

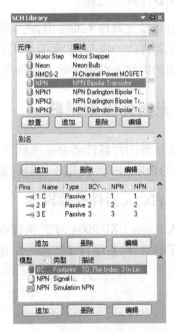

图3-3 含有元件信息的库管理器

各种信息的详细设置将在后面的章节中介绍。

3.1.3 绘制元器件工具

制作元件需要使用绘制元件工具命令,Protel DXP 2004 SP2提供有绘图工具、IEEE符号工具及"工具"菜单下的相关命令来完成元件绘制。

1. 绘图工具栏

(1) 启动绘图工具栏

执行菜单"查看"→"工具栏"→"实用工具栏"打开实用工具栏,该工具栏中包含IEEE工具栏、绘图工具栏及栅格设置工具栏等。

(2) 绘图工具栏的功能

绘图工具栏如图3-4所示,利用绘图工具栏可以新建元器件,增加元器件的功能单元,绘制元器件的外形和放置元器件的引脚等,大多数按钮的作用与原理图编辑器中描画工具栏对应按钮的作用相同。

图3-4 绘图工具栏

与绘图工具栏按钮对应的菜单命令均位于"放置"菜单下,绘图工具栏的按钮功能如表3-1所示。

表3-1 绘图工具栏按钮功能

图 标	功 能	图 标	功 能	图 标	功 能
	画直线		新建元件		画椭圆
	画曲线		增加功能单元		放置图片
	画椭圆弧线		画矩形		阵列式粘贴
	画多边形		画圆角矩形		放置管脚
	放置说明文字				

2. IEEE 符号工具

IEEE 工具栏用于为元件符号加上常用的 IEEE 符号,主要用于逻辑电路。放置 IEEE 符号可以执行菜单"放置"→"IEEE 符号"进行,如图3-5所示。(图中为了显示方便,将菜单裁成两截,并平行放置)

3. "工具"菜单

用鼠标单击主菜单栏的菜单"工具",系统弹出"工具"子菜单,如图3-6所示,该菜单可以对元器件库进行管理,常用命令的功能如下。

新元件(C):在编辑的元器件库中建立新元件。

删除元件(R):删除在元器件库管理器中选中的元件。

删除重复(S)…:删除元器件库中的同名元件。

重新命名元件(E)…:修改选中元器件的名称。

复制元件(Y)…:将元器件复制到当前元器件库中。

移动元件(M)…:将选中的元器件移动到目标元器件库中。

创建元件(W):给当前选中的元器件增加一个新的功能单元(部件)。

删除元件(T):删除当前元器件的某个功能单元(部件)。

模式:用于增减新的元器件模式,即在一个元器件中可以定义多种元器件符号供选择。

元件属性(I)…:设置元器件的属性。

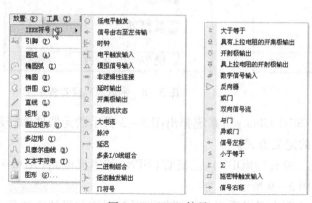

图3-5 IEEE 符号

图3-6 "工具"菜单

3.2　原理图元器件设计

设计元器件的一般步骤如下。

1）新建一个元器件库。

2）设置工作参数。

3）新建并修改元器件名称。

4）在第四象限的原点附近绘制元器件外形。

5）放置元器件引脚。

6）设置元器件模型信息。

7）保存元器件。

3.2.1　设计前的准备

在设计原理图元器件前必须了解元器件的基本符号和大致尺寸，以保证设计出的元件与Protel DXP 2004 SP2 自带库中元器件的风格基本一致，这样才能保证图纸的一致性。

1. 查看自带库中元器件信息

下面以查看集成元器件库 Miscellaneous Devices. InLib 中的元器件为例，介绍打开已有元器件库的方法。

执行菜单"文件"→"打开"，系统弹出"选择打开文件"对话框，在"Altium2004\Library"文件夹下选择集成元器件库"Miscellaneous Devices. InLib"，如图 3-7 所示，单击"打开"按钮，屏幕弹出"抽取源码或安装库"对话框，如图 3-8 所示，本例中要查看库的源文件，故单击"抽取源"按钮，调用该库。

图 3-7　选择打开文件

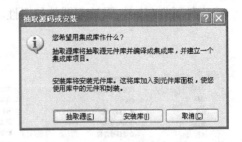

图 3-8　抽取源码或安装库

选中该库，单击编辑区左侧的标签"SCH Library"，系统弹出图 3-3 所示的元器件库管理器，在其中可以浏览元件的图形及引脚的定义方式。

下面以电容（CAP）、电阻（RES2）、二极管（DIODE）、三极管（NPN）和集成电路（ADC-8）为例查看元器件的图形和引脚特点，如图 3-9 所示。

图中每个小栅格的间距为 10mils，从图中可以看出各元器件图形和引脚的设置方法各不相同,具体如表 3-2 所示。

设计时可以参考 Protel DXP 2004 SP2 自带库的元件信息。

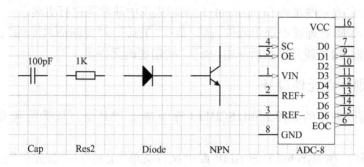

图 3-9　元器件样例

表 3-2　元器件图形和引脚的设置特点

元器件	图形尺寸	引脚尺寸	引脚间距	图 形 设 计	引 脚 状 态
Cap	10	10	——	采用直线绘制,默认引脚	隐藏引脚名称和引脚号
Res2	20	10	——	采用直线绘制,默认引脚	隐藏引脚名称和引脚号
Diode	10	20	——	采用直线和多边形绘制,默认引脚	隐藏引脚名称和引脚号
NPN	10	20	——	采用直线和多边形绘制,默认引脚	隐藏引脚名称和引脚号
ADC-8	根据 IC 定	20	最小 10	采用矩形绘制,引脚设置电气特性	显示引脚名称和引脚号

2. 将光标定位到坐标原点

在绘制元器件图形时,一般要在坐标原点处开始设计,而实际操作中可能找不到坐标原点,造成元器件设计上的困难。

执行菜单"编辑"→"跳转到"→"原点",光标将自动回到坐标原点。

3. 设置栅格尺寸

执行菜单"工具"→"文档选项",打开"库编辑器工作区"对话框。在"网格"区中设置捕获栅格和可视栅格尺寸,一般均设置为 10。

在实际绘制不规则图形时,还可适当调节捕获栅格的尺寸。

4. 关闭自动滚屏

执行菜单"工具"→"原理图优先设置",屏幕弹出"优先设定"对话框,选择"Schematic"下的"Graphical Editing"选项,在"自动摇景选项"的"风格"下拉列表框中选中"Auto Pan Off"取消自动滚屏。

3.2.2　新建元器件库和元器件

1. 新建元器件库

执行菜单"文件"→"创建"→"库"→"原理图库",新建原理图元器件库,并将该库另存为 MySchlib1. SCHLIB。

2. 新建元器件

新建元器件库后,系统会自动在该库中新建一个名为 Component_1 的元件。

若要再增加元器件,可以执行菜单"工具"→"新元件",屏幕弹出"设置新元件名"对话框,输入元件名后单击"确认"按钮新建元件。

3. 元件更名

系统自动给定的元件名为 Component_1,实际应用中通常要进行更名。

在元器件库编辑管理器中选中元件,执行菜单"工具"→"重新命名元件",屏幕弹出"元件重新命名"对话框,输入新元件名后单击"确认"按钮更改元件名。

3.2.3 不规则分立元件设计

下面以在前面创建的 MySchlib1. SCHLIB 库中建立 PNP 型三极管为例介绍不规则元件设计。

1)新建元件。在 MySchlib1. SCHLIB 库中执行菜单"工具"→"新元件",屏幕弹出"设置新元件名"对话框,输入元件名"PNP",单击"确认"按钮完成新建元件。

2)设置栅格。执行菜单"工具"→"文档选项",打开"库编辑器工作区"对话框。在"网格"区中设置捕获栅格为 1mil。

3)光标回原点。执行菜单"编辑"→"跳转到"→"原点",光标将自动回到坐标原点。

4)放置直线。执行菜单"放置"→"直线",绘制三极管的外形,在走线过程中单击键盘的〈空格〉键,切换直线的转弯方式,设计过程如图 3-10 所示。

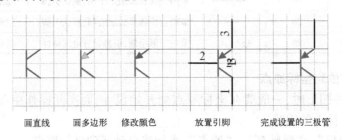

画直线　　画多边形　　修改颜色　　　放置引脚　　完成设置的三极管

图 3-10　三极管设计过程图

5)放置多边形。执行菜单"放置"→"多边形",系统进入放置多边形状态,按键盘上的〈Tab〉键,屏幕弹出"多边形"属性对话框,将"边缘宽"设置为"Smallest",如图 3-11 所示,移动光标在图中绘制箭头符号,绘制完毕单击鼠标右键退出。

双击箭头符号,屏幕弹出图 3-11 所示"多边形"属性对话框,在"填充色"中,双击色块将颜色设置为与边缘色相同的颜色。

6)放置引脚。执行菜单"放置"→"引脚",光标上黏附着一个引脚,单击键盘的〈Space〉键可以旋转引脚的方向,移动光标到要放置引脚的位置,单击鼠标左键放置引脚。

由于引脚只有一端具有电气特性,在放置时应将不具有电气特性(即无光标符号端)的一端与元件图形相连,如图 3-12 所示。

采用相同方法放置元器件的其他两个引脚。

双击三极管基极的引脚,屏幕弹出"引脚属性"对话框,如图 3-13 所示,将"显示名称"(即引脚名称,可以不设置)设置为"B",将"标识符"(即引脚号,必须填写)设置为"2",将"长度"设置为"20",去除"显示名称"和"标识符"的可视状态,将其隐藏,最后单击"确认"按钮完成设置。

采用同样的方法设置好发射极和集电极,完成元器件引脚设置。

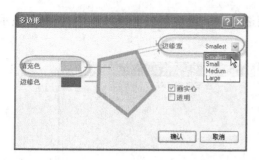

图 3 - 11　"多边形"属性对话框

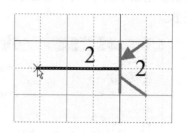

图 3 - 12　放置元器件引脚

图 3 - 13　"引脚属性"对话框

7）元器件属性设置。单击图 3 - 1 中编辑器左侧的标签"SCH Library"，在工作区中打开原理图元器件库编辑管理器，选中元件 PNP，单击"元件"区的"编辑"按钮，屏幕弹出"元件信息设置"对话框，在其中可以设置元件的各种信息，如图 3 - 14 所示。

图中"属性"区的"Defaul Designator"栏用于设置元器件默认的标号，图中设置为"V?"；"注释"栏一般用于设置元件的型号，图中设置为"PNP"；"描述"栏用于对元器件进行描述，可以不设置，图中设置为"PNP 三极管"。

以上设置完毕，调用元件 PNP 时，除显示三极管的图形外，还显示"V?"和"PNP"。

"Parameters"区用于设置元件的参数模型，用于电路仿真，在 PCB 设计中可以不进行设置。

8）载入所需的元器件封装库。元件封装的设置一般要调用 PCB 库中的封装，若采用集成库中的封装，则在元件中不会显示元件封装图。本例中为 PNP 三极管设置"TO92"、"TO92-132"和"BCY-W3/E4"3 个封装，前两个封装在集成库 ST Power Mgt Voltage Regulator. InLib 中，后一个封装在 PCB 元件库 Cylinder with Flat Index. PcbLib 中。设置完封装后会发现前两个封装由于是在集成库中,不会显示封装图形;而最后一个封装存在于 PCB 库中,所以会显示封装图形。

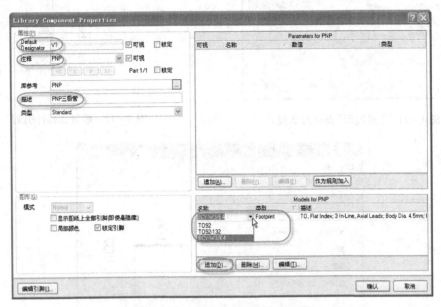

图 3 - 14 "元件信息设置"对话框

单击图 3 - 14 中"Models"区的"追加"按钮,屏幕弹出"追加新的模型"对话框,选中"Footprint",单击"确认"按钮,屏幕弹出图 3 - 15 所示的"PCB 模型"对话框,可在其中设置元件的封装。

单击"浏览"按钮,屏幕弹出图 3 - 16 所示的"库浏览"对话框,单击"…"按钮,打开"可用元件库"对话框,如图 3 - 17 所示,参照 2.2.2 节的方法安装集成库 ST Power Mgt Voltage Regulator. InLib。

图 3 - 15 设置"PCB 模型"对话框

图 3 - 16 "库浏览"对话框

若要装载 PCB 元件库,可以单击图 3 - 17 中的"查找路径"选项卡,单击"路径"按钮,屏幕弹出图 3 - 18 所示的"查找路径设置"对话框,单击"追加"按钮,屏幕弹出"编辑查找路径"对话框,单击对话框中的"…"按钮,屏幕弹出"浏览文件夹"对话框,用于设置查找路径,将路径设为"Altium2004 SP2\Library\PCB",然后单击"确定"按钮退出当前状态,两次单击"确认"按钮回到"可用元件库"对话框,此时对话框中将所有的 PCB 库都设置为可用库,单击"关闭"按钮退回"库浏览"对话框,此时可以在其中浏览选择元件封装。

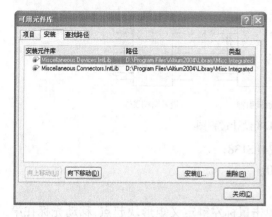
图 3 – 17　设置"可用元件库"对话框

图 3 – 18　"查找路径设置"对话框

至此,3 个封装形式所在的元件库均设置为当前库。

9)设置元器件的封装。本例中由于封装名和封装所在库都已知,故无须在图 3 – 16 中浏览元器件封装,单击"取消"按钮退回"PCB 模型"对话框,直接输入元件封装名即可。

TO92 和 TO92-132 封装可按图 3 – 19 的方式进行设置,由于元件不在 PCB 库中,而是在集成库中,所以封装具体图形无法显示出来,但不影响正常使用。

BCY-W3/E4 封装可按图 3 – 20 的方式进行设置,由于该元件在 PCB 库中,所以可以正常显示描述信息和封装图形。

图 3 – 19　设置封装 TO92

图 3 – 20　设置封装 BCY-W3/E4

设置完毕,单击"确认"按钮完成封装设置。

10)执行菜单"文件"→"保存",保存元器件完成设计工作。

3.2.4 规则的集成电路元件设计

DM74LS138 集成电路与上例中的 PNP 相比,元件图形比较规则,只需画出矩形框,并定义好引脚及其属性,设置好元件信息即可,DM74LS138 的设计过程如图 3 - 21 所示。

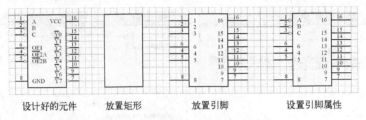

设计好的元件　　放置矩形　　放置引脚　　设置引脚属性

图 3 - 21　DM74LS138 设计过程图

1) 在 MySchlib1. SCHLIB 库中新建元件 DM74LS138。

2) 设置栅格尺寸,可视栅格和捕获栅格为 10。

3) 将光标定位到坐标原点。

4) 执行菜单"放置"→"矩形",在坐标原点单击鼠标左键定义矩形块起点,移动光标在第四象限绘制 60 × 110 的矩形块,再次单击鼠标左键定义矩形块的终点完成矩形块放置,单击鼠标右键退出放置状态。

5) 执行菜单"放置"→"引脚",在图上对应位置放置引脚 1 ~ 16。

6) 双击元件引脚,屏幕弹出图 3 - 22 所示的"引脚属性"对话框,参考图 3 - 21 设置引脚属性,其中 A、B、C、OE1、$\overline{OE2A}$、$\overline{OE2B}$ 的"电气类型"为"Input"(输入管脚);$\overline{Y0}$ ~ $\overline{Y7}$ 的"电气类型"为"Output"(输出管脚);GND、VCC 的"电气类型"为"Power"(电源);设置引脚 4、5 的"显示名称"为 O\E\2A、O\E\2B,设置引脚 7、9 ~ 15 的"显示名称"为 Y\7、Y\6 ~ Y\0;设置"引脚长度"为 20。

7) 设置元器件属性。

单击编辑器左侧的标签"SCH Library",在工作区中打开原理图元器件库编辑管理器,选中 DM74LS138 元件,单击"元件"区的"编辑"按钮,屏幕弹出元件信息设置对话框,在其中根据图 3 - 23 所示设置元件属性。

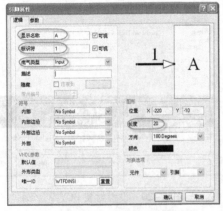

图 3 - 22　设置引脚属性

图 3 - 23　元件属性设置

8）设置元器件的封装。

本例中给 DM74LS138 元件设置两种封装形式,即插针式的 DIP-16（在 Dual-In-Line Pack-age. PcbLib 库中）和贴片式的 SOP16（在 Small Outline（~1.27mm Pitch)-6to20 Leads. PcbLib 库中),设置方法如图 3 - 24、图 3 - 25 所示。

图 3 - 24　设置封装 DIP-16　　　　　图 3 - 25　设置封装 SOP16

本例中的封装库均在路径"Altium2004 SP2\Library\PCB"中,可参考 3.2.3 节的图 3 - 17 和图 3 - 18 设置 PCB 元件库的路径。

所有参数设置完毕,单击"确认"按钮完成封装设置。

9）保存元器件完成设计工作。

3.2.5　多功能单元元器件设计

在某些集成电路中含有多个相同的功能单元（如 DM74LS00 中含有 4 个相同的 2 输入与非门),其图形符号都是一致的,对于这样的元件,只需设计一个基本符号,其他的通过适当的设置即可完成元器件设计。

下面以 DM74LS00 为例介绍多功能单元元器件设计,设计过程如图 3 - 26 所示。

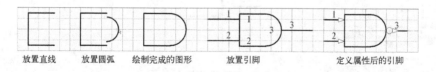

放置直线　　放置圆弧　　绘制完成的图形　　放置引脚　　　　定义属性后的引脚

图 3 - 26　DM74LS00 设计过程图

1）在 MySchlib1. SCHLIB 库中新建 DM74LS00 元件。

2）设置栅格尺寸,可视栅格为 10,捕获栅格为 5。

3）将光标定位到坐标原点。

4）绘制图形符号。

在坐标(0，-5)至(25，-5)、坐标(0，-5)至(0，-35)和坐标(0，-35)至(25，-35)之间画3条直线，绘制好边框线。

执行菜单"放置"→"圆弧"，将光标移到坐标(25，-20)处单击鼠标左键，定下圆心；拖动光标使圆的直径与符号的高度相同(即30)后单击鼠标左键定下圆的直径；在坐标(25，-35)处单击左键，定下圆弧的起点；将光标移到坐标(25，-5)处单击左键，定下圆弧的终点，图上画出一段圆弧，完成图形绘制，单击鼠标右键退出放置状态。

5）执行菜单"放置"→"引脚"，在图上对应位置放置引脚1~3。

6）双击元件引脚，屏幕弹出"引脚属性"对话框，设置引脚1、2的"显示名称"分别为A、B，"电气类型"为"Input"；设置引脚3的"显示名称"分别为Y，"电气类型"为"Output"，"外部边沿"为"Dot"(表示低电平有效，在引脚上显示一个小圆圈)，将"引脚长度"设置为20。

7）由于DM74LS00元件中包含有4个功能单元，接下来绘制第2个功能单元，为了提高效率，可以采用复制的方法。

用鼠标拉框选中第1个与非门的所有图元，执行菜单"编辑"→"复制"，所有图元均被复制入剪切板。

执行菜单"工具"→"创建元件"，这是屏幕出现了1张新的工作窗口，在元件库管理器中，注意到现在的位置是"Part B"(即第2个功能单元)，如图3-27所示。

执行菜单"编辑"→"粘贴"，将光标定位到坐标(0，0)处单击左键，将剪切板中的图件粘贴到新窗口中。

双击元件引脚，将引脚1的"标识符"由1改为4，将引脚2的"标识符"由2改为5，将引脚3的"标识符"由3改为6，完成第2个部件的绘制，绘制好的部件如图3-27所示。

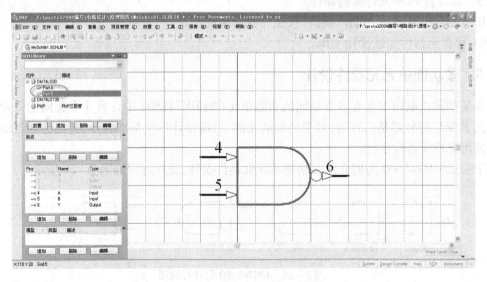

图3-27　第2套功能单元设计

8）按照同样的方法，绘制完成其他两个功能单元。其中Part C中引脚9、10为输入端，引脚8为输出端；Part D中引脚12、13为输入端，引脚11为输出端。

9）在Part D中放置隐藏的电源管脚。

执行菜单"放置"→"引脚"，按下〈Tab〉键，屏幕弹出"引脚属性"对话框中，参考图3-28设置电源 VDD,引脚号 14,设置完毕放置电源脚 14;同样参考图 3 - 29 放置并设置地 GND,引脚号 7,放置接地脚 7。

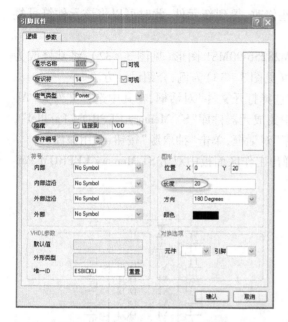

图 3 - 28   设置隐藏的电源端 VDD

图 3 - 29   设置隐藏的电源端 GND

图中取消"显示名称"的可视状态;"电气类型"设置为 Power;选中"隐藏","连接到"设置为 VDD(或 GND),这样该脚将自动隐藏,并在网络上与 VDD(或 GND)相连;"零件编号"设置为 0,这样 GND 和 VDD 属于每一个功能单元。VDD 和 GND 设置前后的元件功能单元图如图 3 - 30 所示。

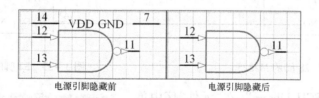

图 3 - 30   设置隐藏电源引脚

10) 设置元器件属性。

单击编辑器左侧的标签"SCH Library",在工作区中打开原理图元器件库编辑管理器,选中 DM74LS00 元件,单击"元件"区的"编辑"按钮,根据图 3 - 31 所示设置元件属性。

11) 采用与上节相同的方法设置 DM74LS00 的封装为 DIP-14 和 SOP14。

12) 保存设计好的元件。

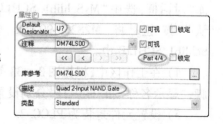

图 3 - 31   设置元件属性

3.2.6 利用已有的库元件设计新元件

在绘制元件时,有时只想在原有元件上做些修改,得到新元件,此时可以将该元件符号复制到当前库中进行编辑修改,产生新元件。

下面通过复制 SO28 封装的 28 脚的元件 M28256-90MS1 图形(见图 3 - 32),将其修改为 PLCC32 封装的 32 脚的 M28256(PLCC32)芯片(见图 3 - 33)为例,介绍设计方法。

1)执行菜单"文件"→"打开",系统弹出"选择打开文件"对话框,在其中选择文件夹"Altium2004 SP2\Library\ST Microelectronics",选中集成元器件库"ST Memory EEPROM Parallel",单击"打开"按钮,屏幕弹出"抽取源码或安装库"对话框,单击"抽取源"按钮,调用该库。

2)单击编辑区左侧的标签"Projects",在弹出工作区面板中双击 ST Memory EEPROM Parallel 库打开该库。

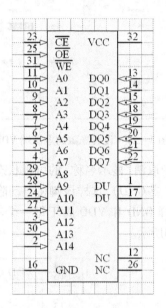

图 3 - 32 28 脚的 M28256   图 3 - 33 32 脚的 M28256

3)单击标签"SCH Library",在"元件"区中单击选中元件"M28256-90MS1",执行菜单"工具"→"复制元件",屏幕弹出图 3 - 34 所示的"选择目标库"对话框,选中"MySchlib1. SCHLIB"后单击"确认"按钮,将 M28256-90MS1 复制到 MySchlib1. SCHLIB 中。

图 3 - 34 "选择目标库"对话框

4)在工作区中,根据图 3 - 33 修改 M28256-90MS1 的引脚号(标识符),并添加 4 个引脚,"显示名称"和"标识符"分别设置为 DU、1;DU、17;NC、12;NC、26。

5)设置元件封装为 PLCC32。

6)选中元件 M28256-90MS1,执行菜单"工具"→"重新命名元件",将元件名修改为 M28256(PLCC32)。

7)保存设计好的元件。

3.3 产生元器件报表

建立好元器件库后,可以根据需要输出元器件的报表,产生元器件库中所有元件的名称及其描述信息报表等。

3.3.1 元器件报表的产生方法

下面以前述的 MySchlib1. SCHLIB 库中的元器件 DM74LS138 的输出报表为例介绍元器件报表的产生方法。

1）执行菜单"文件"→"打开",打开自己创建的元器件库"MySchlib1. SCHLIB"。

2）单击"Projects"标签,在弹出的"Projects"选项卡中选中该元器件库。

3）单击"SCH Library"标签,切换到"SCH Library"选项卡,在"元件"区中单击选中要输出报表的元器件"DM74LS138"。

4）执行菜单"报告"→"元件",系统自动产生 DM74LS138 的元器件报表文件"MySchlib1. cmp",如图 3 – 35 所示,从该表中可以获得元器件的信息。

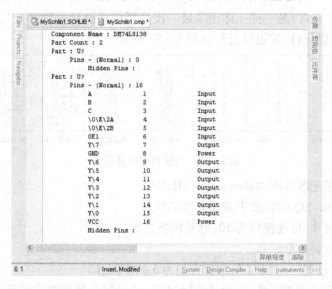

图 3 – 35　元器件信息

3.3.2 元器件库报表的产生方法

元器件库报表用于生成当前元器件库中所有元件的名称(包括元器件的别名)及其描述信息。

1）执行菜单"文件"→"打开",打开自己创建的元器件库"MySchlib1. SCHLIB"。

2）单击"Projects"标签,在弹出的"Projects"选项卡中选中该元器件库。

3）执行菜单"报告"→"元件库",系统自动产生元器件库报表文件"MySchlib1. rep",如图 3 –36所示,从该报表中可以获得该元器件库的信息。

从图中可以看出,该库中有 4 个元器件,其中 DM74LS138 未设置描述信息。

图 3 – 36　元器件库信息

3.4　设计实例

3.4.1　行输出变压器设计

行输出变压器(FBT)是一种一体化多级一次升压结构的脉冲功率变压器,是电视机行扫描电路中的一个重要元件,其设计过程如图 3 – 37 所示。

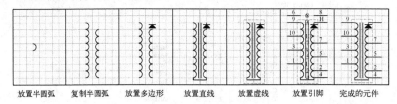

放置半圆弧　复制半圆弧　放置多边形　放置直线　放置虚线　放置引脚　完成的元件

图 3 – 37　行输出变压器设计

1）新建原理图元器件库 MySchlib1. SCHLIB。

2）在 MySchlib1. SCHLIB 库中新建元件 FBT。

3）设置栅格尺寸,可视栅格为 10,捕获栅格为 5。

4）将光标定位到坐标原点。

5）执行菜单"放置"→"圆弧",放置直径为 5 的半圆弧。

6）用鼠标拉框选中半圆弧,执行菜单"编辑"→"复制",复制该半圆弧。

7）执行菜单"编辑"→"粘贴",粘贴半圆弧,根据图 3 – 37 的位置共放置 15 个半圆弧,适当移动位置使之连接正常。

8）执行菜单"放置"→"多边形",根据图中位置和大小放置三角图形,并将多边形的边缘色和填充色设置成相同的颜色。

9）设置捕获栅格为 1。

10）执行菜单"放置"→"直线",根据图中位置放置直线。

11）执行菜单"放置"→"引脚",如图放置 11 个引脚。

12）设置引脚属性。

双击引脚,屏幕弹出"引脚属性"对话框,此时可以设置引脚属性,参考图 3 – 38 设置 1、2、3、4、5、7、9、10、H 脚的属性,"显示名称"隐藏,引脚长度 20,另 H 脚的属性中取消"标识符"后的可视状态,隐藏引脚号"H";参考图 3-39 设置空脚 6、8 脚的属性,选中"隐藏"后的复选框,隐藏引脚 6 和 8。

图 3-38　引脚属性设置

图 3-39　隐藏引脚设置

13) 设置元器件属性。单击编辑器左侧的标签"SCH Library",在工作区中打开原理图元器件库编辑管理器,选中元件 FBT,单击"元件"区的"编辑"按钮,在弹出的对话框中设置"Default Designator"为"T?"。

14) 保存元件,完成设计。

由于行输出变压器规格各不相同,故无须设置封装形式,在 PCB 设计时根据实际情况再进行设置。

3.4.2　USB2.0 微控制器 CY7C68013-56PVC 设计

CY7C68013-56PVC 是 USB2.0 微控制器 CY7C68013 系列中的一款,该芯片有 56 个引脚,采用 SSOP 封装。

用户可以上网搜索获得元件的具体信息,具体的元件图形和封装信息如图 3-40 和图 3-41 所示。

CY7C68013-56PVC 的设计过程如图 3-42 所示。

1) 新建原理图元器件库 MySchlib1. SCHLIB。

2) 在 MySchlib1. SCHLIB 库中新建元件 CY7C68013-56PVC。

3) 设置栅格尺寸,可视栅格为 10,捕获栅格为 10。

4) 将光标定位到坐标原点。

5) 执行菜单"放置"→"矩形",放置尺寸为 140×290 的矩形。

6) 执行菜单"放置"→"引脚",在放置状态下按键盘上的〈Tab〉键,屏幕弹出"引脚属性"对话框,设置"显示名称"为"PD5/FD13",选中"可视";设置"标识符"为"1",选中"可视";设置"电气类型"为"Passive";设置"引脚长度"为 20。

设置完毕单击"确认"按钮,将光标移动到合适位置,放置引脚 1。

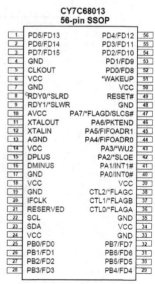

图 3-40　元件图形

7）采用相同的方法放置引脚2~56，注意电源和地的"电气类型"设置为"Power"。

8）设置元器件属性。单击编辑器左侧的标签"SCH Library"，在工作区中打开原理图元器件库编辑管理器，选中元件 CY7C68013-56PVC，单击"元件"区的"编辑"按钮，在弹出的对话框中设置"Default Designator"为"U?"，"注释"设置为"CY7C68013-56PVC"，"描述"设置为"USB2. 0 Microcontroller,56pins,3. 3v,8KRAM"。

9）从图3-41的元件封装信息中可以看出该元件使用的是 SSOP 封装，此时可以在 PCB 模型中浏览选择符合要求的封装。根据图3-43设置元器件封装。

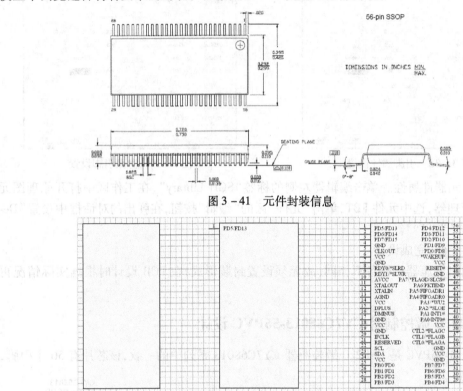

图3-41　元件封装信息

图3-42　CY7C68013-56PVC 设计过程

图3-43　CY7C68013-56PVC 封装设置

10）保存元件,完成设计。

3.5 实训 原理图库元件设计

1. 实训目的
1）掌握元器件库编辑器的功能和基本操作。
2）掌握规则和不规则元器件设计方法。
3）掌握库元件的复制方法。
4）掌握多功能单元元件设计。

2. 实训内容
1）新建元器件库,将库文件另存为 Newlib。
2）用画图工具绘制规则元件 NE555。

设计图 3-44 所示的 NE555,元件名设置为 NE555,该器件为一个双列直插式 8 脚的集成块,封装名设置为 DIP-8。

① 新建元件 NE555。

② 设置可视栅格为 10,捕获栅格为 10。

③ 根据图 3-44 绘制元件 NE555,元件引脚的"显示名称"和"标识符"如图示;元件矩形块的尺寸为 70 × 80;引脚"电气特性"如下:2、4、6 脚为"Input",1、8 脚为"Power",5 脚为"Passive",3 脚为"Output",7 脚为"Open Collcetor"。

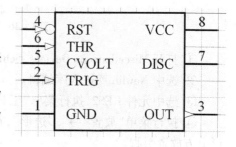

图 3-44 元件 NE555

④ 设置元件属性。设置"Default Designator"为"U?","描述"设置为"General-Purpose Single Bipolar Timer"。

⑤ 设置元件的封装形式为"Dual-In-Line Package. PcbLib"库中的"DIP-8"。

⑥ 保存元件。

3）设计发光二极管 LED。

设计图 3-45 所示的发光二极管 LED,元件名设置为 LED,封装名设置为 LED-1。

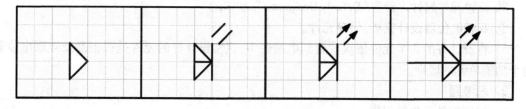

图 3-45 元件 LED 绘制过程

① 新建元件 LED。

② 设置可视栅格为 10,捕获栅格为 1。

③ 根据图 3-45 绘制元件 LED 的图形,其中三角形采用"多边形"绘制,大三角形的"填充色"设置为无色"233",箭头三角形的"填充色"设置为蓝色"229",其他采用"直线"绘制。

④ 放置元件引脚。

二极管正端引脚的"显示名称"设置为"A",可视状态取消;"标识符"设置为"1",可视状态取消;"电气特性"设置为"Passive";"长度"设置为20。

二极管正端引脚的"显示名称"设置为"K",可视状态取消;"标识符"设置为"2",可视状态取消;"电气特性"设置为"Passive";"长度"设置为20。

⑤ 设置元件属性。设置"Default Designator"为"VD?"

⑥ 设置元件的封装形式为"Miscellaneous Devices PCB. PcbLib"库中的"LED-1"。

⑦ 保存元件。

4) 设计双联电位器 POT。

设计双联电位器 POT,即在一个元件中绘制两套功能单元,元件图形设计过程如图 3 - 46 所示,封装由于要根据实际元件尺寸设定,故此处不设置。

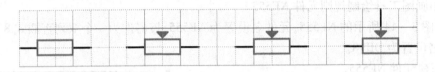

图 3 - 46　双联电位器图形设计过程图

① 打开 Miscellaneous Devices. SchLib 库,将其中的电阻 RES2 复制到当前库 Newlib 中。

② 选中 Newlib 库进入库编辑。

③ 选中元件 RES2,执行菜单"工具"→"重新命名元件"将 RES2 更名为 POT。

④ 执行菜单"放置"→"多边形",在电阻上方放置三角形;执行"放置"→"引脚",在三角形上方放置引脚。

⑤ 双击新放置的引脚,设置引脚属性,其中"显示名称"和"标识符"均设置为"3",可视状态取消;"电气特性"设置为"Passive";"长度"设置为10,设置结束保存元件。

⑥ 执行菜单"工具"→"创建元件",增加一套功能单元"Part B",将前面设计好的电位器复制到当前功能单元中。

⑦ 双击元件的引脚,设置引脚属性,从左到右,将 3 个引脚的"显示名称"和"标识符"依次设置为"4"、"6"、"5"。

⑧ 设置元件属性。设置"Default Designator"为"Rp?"

⑨ 双联电位器设计完毕,保存元件。

5) 将设计好的 3 个元件依次放置到电路图中,观察设计好的元件是否正确及双联电位器两个功能单元的区别。

3. 思考题

1) 如何旋转元件的引脚?

2) 如何判别元件引脚哪端具有电特性?

3) 规则元件设计与不规则元件设计有何区别?

4) 设计多套部件单元的元件时,应如何操作?

5) 如何在原理图中选用多功能单元元件的不同功能单元?

3.6 习题

1. 叙述设计元器件的步骤。

2. 创建一个新元件库 MYSCH.SCHLIB，从 Miscellaneous Devices.InLib 库中复制元件 RES2、CAP、NPN、BRIDG1 及 DIODE，组成新库。

3. 如何在原理图中选用多套功能单元元器件的不同功能单元？

4. 绘制图 3-47 所示的 74LS08，该集成块中有 4 个 2 输入与门，元件名为 74LS08，封装设置为 DIP-14，电源 7 脚、14 脚设置为隐藏。

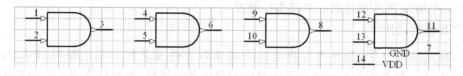

图 3-47　74LS08 元件图

5. 绘制图 3-48 所示的 4 路开关，元件名为 SW DIP-4，设置矩形块为 40×50，注意适当调整可视栅格和捕获栅格的大小。

6. 绘制图 3-49 所示的 4006，元件封装设置为 DIP14。其中，1 脚、3~6 脚为输入管脚；8~13 脚为输出管脚；7 脚为地，隐藏；14 脚为电源，隐藏。

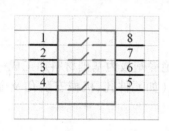

图 3-48　4 路开关

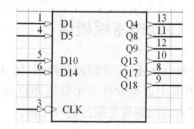

图 3-49　4006

7. 上网搜索 CY7C69013 系列芯片的资料，设计元件 CY7C68013 56-PIN QFN，封装形式为 QFN。

第 4 章　PCB 设计基础

本章要点

- 印制板的作用、种类、概念
- 印制板的结构与相关组件
- Protel 2004 PCB 设计的基本操作和设置
- PCB 模板设计

在实际电路设计中,最终需要将电路中的实际元件安装在印制电路板(Printed Circuit Board,PCB)上。原理图的设计解决了电路中元件的逻辑连接,而元件之间的物理连接则是靠 PCB 上的铜箔实现。

随着中、大规模集成电路出现,元器件安装朝着自动化、高密度方向发展,对印制电路板导电图形的布线密度、导线精度和可靠性要求越来越高。与此相适应,为了满足对印制电路板数量上和质量上的要求,印制电路板的生产也越来越专业化、标准化、机械化和自动化,如今已在电子工业领域中形成一门新兴的印制电路板制造工业。

4.1　印制电路板概述

印制电路板(也称印制线路板,简称印制板)是指以绝缘基板为基础材料加工成一定尺寸的板,在其上面至少有 1 个导电图形及所有设计好的孔(如元件孔、机械安装孔及金属化孔等),以实现元器件之间的电气互连。

4.1.1　印制电路板的发展

在 19 世纪,由于不存在复杂的电子装置和电气机械,只是大量需要无源元件,如:电阻、线圈等,因此没有大量生产印制电路板的问题。

经过几十年的实践,英国 Paul Eisler 博士提出印制电路板概念,并奠定了光蚀刻工艺的基础。

随着电子元器件的出现和发展,特别是 1948 年出现晶体管,电子仪器和电子设备大量增加并趋向复杂化,印制板的发展进入一个新阶段。

20 世纪 50 年代中期,随着大面积的高粘合强度覆铜板的研制,为大量生产印制板提供了材料基础。1954 年,美国通用电气公司采用了图形电镀 – 蚀刻法制板。

进入 20 世纪 60 年代,印制板得到广泛应用,并日益成为电子设备中必不可少的重要部件。在生产上除大量采用丝网漏印法和图形电镀 – 蚀刻法(即减成法)等工艺外,还应用了加成法工艺,使印制导线密度更高。目前高层数的多层印制板、挠性印制电路、金属芯印制电路、功能化印制电路都得到了长足的发展。

我国在 20 世纪 50 年代中期试制出单面板和双面板;20 世纪 60 年代中期,试制出金属化双面印制板和多层板样品;1977年左右开始采用图形电镀－蚀刻法工艺制造印制板;1978年试制出加成法材料——覆铝箔板,并采用半加成法生产印制板;20世纪80年代初研制出挠性印制电路和金属芯印制板。

在电子设备中,印制电路板通常起3个作用。

1)为电路中的各种元器件提供必要的机械支撑。

2)提供电路的电气连接。

3)用标记符号将板上所安装的各个元器件标注出来,便于插装、检查及调试。

但是,更为重要的是,使用印制电路板有4大优点。

1)具有重复性。

一旦电路板的布线经过验证,就不必再为制成的每一块板上的互连是否正确而逐个进行检验,所有板的连线与样板一致,这种方法适合于大规模工业化生产。

2)板的可预测性。

通常,设计师按照"最坏情况"的设计原则来设计印制导线的长、宽、间距以及选择印制板的材料,以保证最终产品能通过试验条件。虽然此法不一定能准确地反映印制板及元件使用的潜力,但可以保证最终产品测试的废品率很低,而且大大地简化了印制板的设计。

3)所有信号都可以沿导线任一点直接进行测试,不会因导线接触引起短路。

4)印制板的焊点可以在一次焊接过程中将大部分焊完。

现代焊接方法主要有浸焊、波峰焊和再流焊接技术,前两者适用于通孔式元件的焊接,后者适用于表面贴片式元件(SMD元件)的焊接。现代焊接方法可以保证高速、高质量地完成焊接工作,减少了虚焊、漏焊,从而降低了电子设备的故障率。

正因为印制板有以上特点,所以从它面世的那天起,就得到了广泛的应用和发展,现代印制板已经朝着多层、精细线条的方向发展,特别是20世纪80年代开始推广的SMD(表面封装)技术是高精度印制板技术与VLSI(超大规模集成电路)技术的紧密结合,大大提高了系统安装密度与系统的可靠性。

4.1.2 印制电路板种类

目前的印制电路板一般以铜箔覆在绝缘板(基板)上,故通常称为覆铜板。

1. 根据PCB导电板层划分

1)单面印制板(Single Sided Print Board)。单面印制板指仅一面有导电图形的印制板,板的厚度约在0.2~5.0mm,它是在一面敷有铜箔的绝缘基板上,通过印制和腐蚀的方法在基板上形成印制电路,如图4-1所示。它适用于一般要求的电子设备,如收音机、电视机等。

2)双面印制板(Double Sided Print Board)。双面印制板指两面都有导电图形的印制板,板的厚度约在0.2~5.0mm,它是在两面敷有铜箔的绝缘基板上,通过印制和腐蚀的方法在基板上形成印制电路,两面的电气互连通过金属化孔实现,如图4-2所示。它适用于要求较高的电子设备,如计算机、电子仪表等,由于双面印制板的布线密度较高,所以能减小设备的体积。

3)多层印制板(Multilayer Print Board)。多层印制板是由交替的导电图形层及绝缘材料层层压粘合而成的一块印制板,导电图形的层数在两层以上,层间电气互连通过金属化孔实现。多层印制板的连接线短而直,便于屏蔽,但印制板的工艺复杂,由于使用金属化孔,可靠性下降。它常用于计算机的板卡中,如图4-3和图4-4所示。

图4-1 单面印制板样图

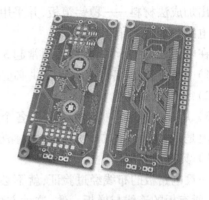

图4-2 双面印制板样图

图4-3 多层板样图

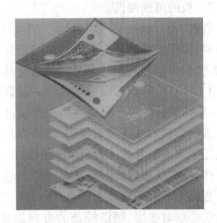

图4-4 多层板示意图

对于电路板的制作而言,板的层数愈多,制作程序就愈多,失败率当然增加,成本也相对提高,所以只有在高级的电路中才会使用多层板。目前以两层板最容易,市面上所谓的4层板,就是顶层、底层,中间再加上两个电源板层,技术已经很成熟;而6层板就是4层板再加上两层布线板层,只有在高级的主机板或布线密度较高的场合才会用到;至于8层板以上,制作就比较困难。

图4-5所示为4层板剖面图。通常在电路板上,元件放在顶层,所以一般顶层也称元件面,而底层一般是焊接用的,所以又称焊接面。对于SMD元件,顶层和底层都可以放元件。另外,元件也分为两大类,传统的元件是通孔式元件,通常这种元件体积较大,且电路板上必须钻孔才能插装;较新的设计一般采用体积小的表

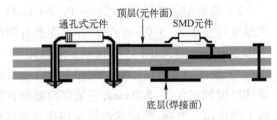

图4-5 4层板剖面图

面贴片式元件(SMD),这种元件不必钻孔,利用钢模将半熔状锡膏倒入电路板上,再把SMD元件放上去,通过回流焊将元件焊接在电路板上。SMD元件是目前商品化电路板的主要元件,但这种技术需要依靠机器,采用手工插装、焊接元件比较困难。

在多层板中,为减小信号线之间的相互干扰,通常将中间的一些层面都布上电源或地线,

所以通常将多层板的板层按信号的不同分为信号层（Singal）、电源层（Power）和地线层（Ground）。

2. 根据 PCB 所用基板材料划分

1）刚性印制板（Rigid Print Board）。刚性印制板是指以刚性基材制成的 PCB，常见的 PCB 一般是刚性 PCB，如计算机中的板卡、家电中的印制板等，如图 4-1 ~ 图 4-3 所示。常用刚性 PCB 有以下几类：

纸基板。价格低廉，性能较差，一般用于低频电路和要求不高的场合。

玻璃布板。价格较贵，性能较好，常用作高频电路和高档家电产品中。

合成纤维板。价格较贵，性能较好，常用作高频电路和高档家电产品中。

当频率高于数百兆赫时，必须用介电常数和介质损耗更小的材料，如聚四氟乙烯和高频陶瓷作基板。

2）挠性印制板（Flexible Print Board，也称柔性印制板、软印制板）见图 4-6。挠性印制板是以软性绝缘材料为基材的 PCB。由于它能进行折叠、弯曲和卷绕，因此可以节约 60% ~ 90% 的空间，为电子产品小型化、薄型化创造了条件，它在计算机、打印机、自动化仪表及通信设备中得到广泛应用。

3）刚-挠性印制板（Flex-rigid Print Board）见图 4-7。刚-挠性印制板指利用软性基材，并在不同区域与刚性基材结合制成的 PCB，主要用于印制电路的接口部分。

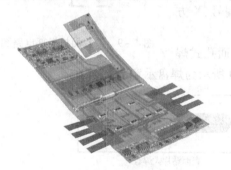

图 4-6　挠性印制板样图

图 4-7　刚-挠性印制板样图

4.1.3　PCB 设计中的基本组件

1. 板层（Layer）

板层分为敷铜层和非敷铜层，平常所说的几层板是指敷铜层的层面数。一般在敷铜层上放置焊盘、线条等完成电气连接；在非敷铜层上放置元件描述字符或注释字符等；还有一些层面（如禁止布线层）用来放置一些特殊的图形来完成一些特殊的作用或指导生产。

敷铜层一般包括顶层（又称元件面）、底层（又称焊接面）、中间层、电源层、地线层等；非敷铜层包括印记层（又称丝网层、丝印层）、板面层、禁止布线层、阻焊层、助焊层、钻孔层等。

对于一个批量生产的电路板而言，通常在印制板上铺设一层阻焊剂，阻焊剂一般是绿色或棕色，除了要焊接的地方外，其他地方根据电路设计软件所产生的阻焊图来覆盖一层阻焊剂，这样可以快速焊接，并防止焊锡溢出引起短路；而对于要焊接的地方，通常是焊盘，则要涂上助焊剂，如图 4-8 所示。

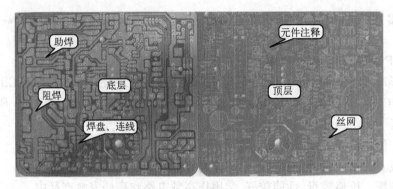

图 4 - 8 板层示意图

为了让电路板更具有可看性,便于安装与维修,一般在顶层上要印一些文字或图案,如图 4 - 9 中的 R1、C1 等,这些文字或图案属于非布线层,用于说明电路的,通常称为丝网层,在顶层的称为顶层丝网层(Top Overlay),而在底层的则称为底层丝网层(Bottom Overlay)。

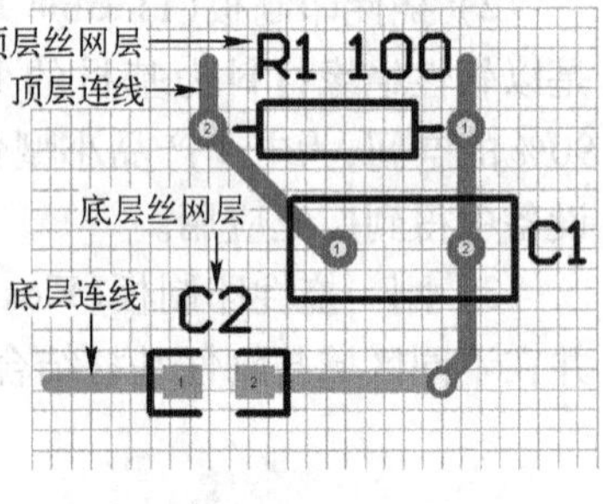

图 4 - 9 某双面板局部电路图

2. 焊盘(Pad)

焊盘用于固定元器件引脚或用于引出连线、测试线等,它有圆形、方形等多种形状。焊盘的参数有焊盘编号、X 方向尺寸、Y 方向尺寸、钻孔孔径尺寸等。

焊盘可分为通孔式及表面贴片式两大类,其中通孔式焊盘必须钻孔,而表面贴片式焊盘无须钻孔,图 4 - 10 所示为焊盘示意图。

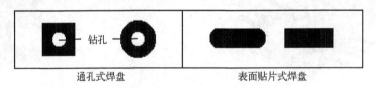

图 4 - 10 焊盘示意图

3. 金属化孔(Via)

金属化孔也称为过孔,在双面板和多层板中,为连通各层之间的印制导线,通常在各层需要连通的导线的交汇处钻上一个公共孔,即过孔,在工艺上,过孔的孔壁圆柱面上用化学沉积的方法镀上一层金属,用以连通中间各层需要连通的铜箔,而过孔的上下两面做成圆形焊盘形状,过孔的参数主要有孔的外径和钻孔尺寸。

过孔不仅可以是通孔,还可以是掩埋式。所谓通孔式过孔是指穿通所有敷铜层的过孔;掩埋式过孔则仅穿通中间几个敷铜层面,仿佛被其他敷铜层掩埋起来。图 4 - 11 为 6 层板的过孔剖面图,包括顶层、电源层、中间 1 层、中间 2 层、地线层和底层。

4. 连线(Track、Line)

连线是指有宽度、有位置方向(起点和终点)、有形状(直线或弧线)的线条。在敷铜面上的线条一般用来完成电气连接,称为印制导线或铜膜导线;在非敷铜面上的连线一般用作元件描述或其他特殊用途。

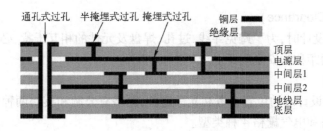

图 4 – 11　过孔剖面图

印制导线用于印制板上的线路连接,通常印制导线是两个焊盘(或过孔)间的连线,而大部分的焊盘就是元件的引脚,当无法顺利连接两个焊盘时,往往通过跳线或过孔实现连接。

图 4 – 12 所示为印制导线的走线图,图中所示为双面板,采用垂直布线法,一层水平走线,另一层垂直走线,两层间印制导线的连接由过孔实现。

图 4 – 13 所示为某电路 PCB 图,焊盘、过孔、印制导线如图示。

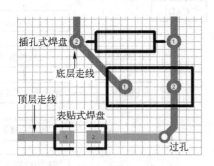

图 4 – 12　印制导线的走线图

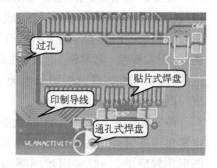

图 4 – 13　某电路局部 PCB 图

5. 元件的封装(Component Package)

元件的封装是指实际元件焊接到电路板时所指示的元件外形轮廓和引脚焊盘的间距。不同的元件可以使用同一个元件封装,同种元件也可以有不同的封装形式。

印制元件的封装是显示元件在 PCB 上的布局信息,为装配、调试及检修提供方便。在 Protel 2004 中元件的图形符号被设置在丝印层(也称丝网层)上,见图 4 – 9 中的 R1、C2。

6. 网络(Net)和网络表(Netlist)

从一个元器件的某一个引脚到其他引脚或其他元器件的引脚的电气连接关系称作网络。每一个网络均有唯一的网络名称,有的网络名是人为添加的,有的是系统自动生成的,系统自动生成的网络名由该网络内两个连接点的引脚名称构成。

网络表描述电路中元器件特征和电气连接关系,一般可以从原理图中获取,它是原理图和 PCB 之间的纽带。

7. 飞线(Connection)

飞线是在电路进行自动布线时供观察用的类似橡皮筋的网络连线,网络飞线不是实际连线。通过网络表调入元件并进行布局后,就可以看到该布局下的网络飞线的交叉状况,不断调整元件的位置,使网络飞线的交叉最少,可以提高自动布线的布通率。

自动布线结束,未布通的网络上仍然保留网络飞线,此时可用手工连接的方式连通这些网络。

8. 安全间距(Clearance)

在进行印制板设计时,为了避免导线、过孔、焊盘及元件的相互干扰,必须在它们之间留出一定的间距,这个间距称为安全间距。

9. 栅格(Grid)

栅格用于 PCB 设计时的位置参考和光标定位,栅格有公制和英制两种单位制,可视栅格、捕获栅格、元件栅格和电气栅格 4 种类型。

4.1.4 印制电路板制作生产工艺流程

制造印制电路板最初的一道基本工序是将底图或照相底片上的图形,转印到覆铜箔层压板上。最简单的一种方法是印制 – 蚀刻法,或称为铜箔腐蚀法,即用防护性抗蚀材料在敷铜箔层压板上形成正性的图形,那些没有被抗蚀材料防护起来的不需要的铜箔随后经化学蚀刻而被去掉,蚀刻后将抗蚀层除去就留下由铜箔构成的所需的图形。一般印制板的制作要经过 CAD 辅助设计、照相底版制作、图像转移、化学镀、电镀、蚀刻和机械加工等过程,图 4 – 14 为双面板图形电镀 – 蚀刻法的工艺流程图。

单面印制板一般采用酚醛纸基覆铜箔板制作,也常采用环氧纸基或环氧玻璃布覆铜箔板,单面板图形比较简单,一般采用丝网漏印正性图形,然后蚀刻出印制板,也有采用光化学法生产。

双面印制板通常采用环氧玻璃布覆铜箔板制造,双面板的制造一般分为工艺导线法、堵孔法、掩蔽法和图形电镀 – 蚀刻法。

多层印制板一般采用环氧玻璃布覆铜箔层压板。为了提高金属化孔的可靠性,应尽量选用耐高温的、基板尺寸稳定性好的、特别是厚度方向热线膨胀系数较小的,并和铜镀层热线膨胀系数基本匹配的新型材料。制作多层印制板,先用铜箔蚀刻法做出内层导线图形,然后根据设计要求,把几张内层导线图形重叠,放在专用的多层压机内,经过热压、粘合工序,就制成了具有内层导电图形的覆铜箔的层压板。

目前已定型的工艺主要有以下两种。

1)减成法工艺。它是通过有选择性地除去不需要的铜箔部分来获得导电图形的方法。

减成法是印制电路制造的主要方法,它的最大优点是工艺成熟、稳定和可靠。

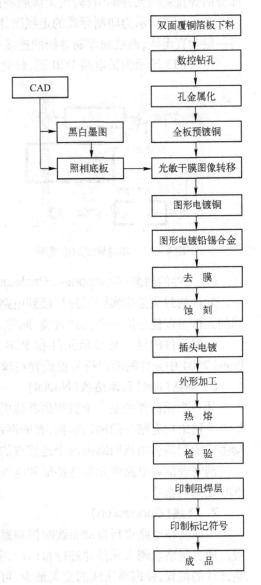

图 4 – 14 双面板制作工艺流程

98

2）加成法工艺。它是在未覆铜箔的层压板基材上,有选择地淀积导电金属而形成导电图形的方法。

加成法工艺的优点是避免大量蚀刻铜,降低了成本;生产工序简化,生产效率提高;镀铜层的厚度一致,金属化孔的可靠性提高;印制导线平整,能制造高精密度 PCB。

4.2　常用元件封装

在进行电路设计时要分清原理图和印制板中的元件,原理图中的元件是指电路功能单元的符号;PCB 设计中的元件则是指电路功能单元的物理尺寸和焊盘,是元件的封装。

1. 元件封装的分类

元件的封装形式主要分为两大类:通孔式元件封装(THT)和表面安装式封装(SMT),图 4－15所示为双列 14 脚 IC 的封装图,它们的区别主要在焊盘上。

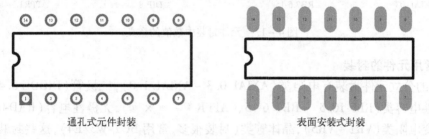

通孔式元件封装　　　　　　　　表面安装式封装

图 4－15　两种类型的元件封装

（1）通孔式元件封装(THT)

通孔式元件封装是针对直插类元件的,这种类型的元件在焊接时先要将元件管脚插入焊盘导孔中,然后再焊接。由于焊点导孔贯穿整个电路板,所以在焊盘属性中,其板层属性为Multi Layer。

（2）表面安装式封装(SMT)

表面安装式封装的焊盘只限于表面板层,即顶层(Top Layer)或底层(Bottom Layer),在焊盘属性中,其板层属性必须是单一的层面。

2. 电路原理图元件与印制板元件的比较

电路原理图中的元件是一种电路符号,有统一的标准,而印制板中的元件代表的是实际元件的物理尺寸和焊盘,集成电路的尺寸一般是固定的,而分立元件一般没有固定的尺寸,可根据需要设定,如图 4－16 所示。

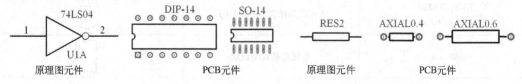

图 4－16　原理图元件与 PCB 元件对照图

3. 元件封装的命名

元件封装的命名原则为:元件类型 + 焊盘距离(或焊盘数) + 元件外形尺寸。一般可以通过元件封装名来判断封装的规格。

如电阻封装 AXIAL-0.3,表示此元件封装为轴状,两焊盘间距为 0.3 英寸或 300 mil(1 英寸 = 1000 mil = 2.54 cm);封装 DIP-8 表示双列直插式元件封装,8 个焊盘引脚;RB7.6-15 表示极性电容类元件封装,焊盘间距为 7.6 mm,元件的直径为 15 mm。

元件封装中数值的意义如图 4 - 17 所示。

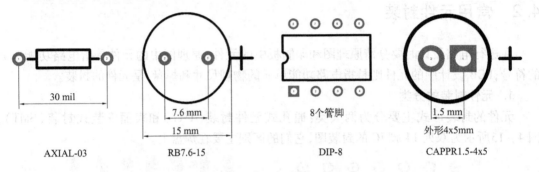

图 4 - 17   元件封装中数值的意义

4. 常用元件的封装

常用的分立元件封装有电阻类(AXIAL-0.3 ~ AXIAL-1.0),二极管(DIODE-0.4 ~ DIODE-0.7),极性电容类(RB5-10.5 ~ RB7.6-15、CAPPR * – * × *),无极性电容(RAD-0.1 ~ RAD-0.4),可变电阻类(VR1 ~ VR5),晶体管类(封装很多,常用 BCY-W3/E4),这些封装在 Miscellaneous Devices PCB. PCBLib 元件库中。

常用元件的封装对照表如表 4 - 1 所示。

表 4 - 1   常用元件封装形式图形对照表

元件封装型号	元 件 类 型	元件封装图形
AXIAL-0.3 ~ AXIAL-1.0	通孔式电阻或无极性轴状元件等	
RAD-0.1 ~ RAD-0.4	通孔式无极性电容、电感等	
RB * – *、CAPPR * – * × *	通孔式电解电容等	
DIODE-0.4(DIODE-0.7	通孔式二极管	
TO-3(TO-220 BCY – */ *	通孔式晶体管、FET 与 UJT	
DIP – *	双列直插式集成块	
SIP *、SIL – *	单列直插封装的元件	
IDC *、HDR *、MHDR *、DSUB *	接插件、连接头等	

元件封装型号	元 件 类 型	元件封装图形
VR1 ~ VR5	可变电阻器	
* - 0402 ~ * - 7257	贴片电阻、电容、二极管等	
SO - */*、SOT23、SOT89 等	贴片三极管	
SO - *、SOJ - *、SOL - *	贴片双排元件	

4.3　Protel DXP 2004 SP2 PCB 编辑器

4.3.1　启动 PCB 编辑器

进入 Protel DXP 2004 SP2 主窗口,执行菜单"文件"→"创建"→"项目"→"PCB 项目"建立新的 PCB 工程项目文件,执行菜单"文件"→"创建"→"PCB 文件",系统自动产生一个 PCB 文件,默认文件名为 PCB1. PcbDoc,并进入 PCB 编辑器状态,如图 4 - 18 所示。

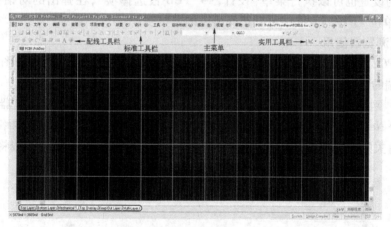

图 4 - 18　PCB 编辑器主界面

1.　主菜单

PCB 编辑器的主菜单与原理图编辑器的主菜单基本相似,操作方法也类似。在绘制原理图中主要是对元件的操作和连接,而在进行 PCB 设计主要是针对元件封装、焊盘、过孔等的操作和布线工作。

2.　工具栏

PCB 编辑器的工具栏主要有 PCB 标准工具栏、配线工具栏和实用工具栏等,其中实用工具栏中包括实用工具、调准工具、查找选择、放置尺寸、放置 Room 空间及网格等 6 个工具。

执行菜单"查看"→"工具栏"下的相关菜单,可以设置打开或关闭相应的工具栏。

4.3.2 PCB 编辑器的管理

1. PCB 窗口管理

在 PCB 编辑器中，窗口管理可以执行菜单"查看"下的命令实现，常用的命令如下。

执行菜单"查看"→"整个 PCB 板"，可以实现 PCB 全板显示，用户可以快捷地查找线路。

执行菜单"查看"→"指定区域"，用户可以用鼠标拉框选定放大显示区域。

执行菜单"查看"→"显示三维 PCB 板"，可以显示整个印制板的 3D 模型，一般在电路布局或布线完毕，使用该功能观察元件的布局或布线是否合理。

2. 坐标系

PCB 编辑器的工作区是一个二维坐标系，其绝对原点位于电路板图的左下角，一般在工作区的左下角附近设计印制板。

用户可以自定义新的坐标原点，执行菜单"编辑"→"原点"→"设定"，将光标移到要设置为新的坐标原点的位置，单击左键，即可设置新的坐标原点。

执行菜单"编辑"→"原点"→"重置"，可恢复到绝对坐标原点。

3. 单位制设置

PCB 设计中设有两种单位制，即 Imperial(英制，单位为 mil) 和 Metric(公制，单位为 mm)，执行菜单"查看"→"切换单位"可以实现英制和公制的切换。

单位制的设置也可以执行菜单"设计"→"PCB 板选择项"，在弹出的对话框的"测量单位"区中的"单位"下拉列表框中可以选择所需的单位制。

4. PCB 浏览器使用

单击在 PCB 编辑器主界面左侧的标签"PCB"，可以打开 PCB 浏览器，如图 4-19 所示。在浏览器顶端的下拉列表框中可以选择浏览器的类型，常用的如下。

1) Nets。网络浏览器，显示板上所有网络名。图 4-19 所示即为网络浏览器，在"网络类"区中双击"All Nets"项，在"网络"区中选中某个网络(图中为 NetIC1_16)，在"网络项"区中将显示与此网络有关的焊盘和连线的信息，同时工作区中与该网络有关的焊盘和连线将高亮显示。

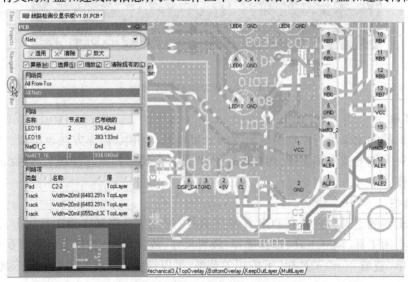

图 4-19 PCB 浏览器使用

在 PCB 浏览器的最下方,还有一个微型监视器屏幕,在监视器中显示全板的结构,并以虚线框的形式显示当前工作区中的工作范围。

单击 PCB 浏览器上方的 放大 按钮,光标变成了放大镜形状,将光标在工作区中移动,便可在监视器中放大显示光标所在的工作区域。

2）Component。元件浏览器,它将显示当前电路板图中的所有元件名称和选中元件的所有焊盘。

3）Rules。选取此项设置为设计规则浏览器,可以查看并修改设计规则和当前 PCB 上的违规信息。

4）From-To Editor。选取此项设置为飞线编辑器,可以查看并进行编辑网络节点和飞线。

5）Split Plane Editor。选取此项设置为内电层分割编辑器,可在多层板中对电源层进行分割。

4.3.3 工作环境设置

1. 设置栅格

执行菜单"设计"→"PCB 板选择项",系统弹出图 4-20 所示的"PCB 板选择项"对话框,可以进行捕获栅格、元件移动栅格、电气栅格、可视栅格、图纸及单位制设置等。

图 4-20 栅格设置

1）捕获栅格设置。其中"X":设置光标在 X 方向上的位移量;"Y":设置光标在 Y 方向上的位移量。

2）元件移动栅格设置。其中"X":设置元件在 X 方向上的位移量;"Y":设置元件在 Y 方向上的位移量。

3）电气栅格设置。必须选中"电气网格"复选框,然后再设置电气栅格间距。

4）可视栅格设置。标记用于设置栅格的样式,有 Dots(点状)和 Lines(线状)两种供选择;可视栅格有两种尺寸,其中网格 1 一般设置的尺寸比较小,只有工作区放大到一定程度时才会显示;网格 2 一般设置的尺寸比较大,系统默认的显示状态是只显示网格 2 的栅格,故进入PCB 编辑器时看到的栅格是网格 2 的栅格。

若要显示网格 1 的栅格,可以执行菜单"设计"→"PCB 板层次颜色",在弹出的对话框中的"系统颜色"区,选中"Visible Grid 1"后的复选框即可。

2. 关闭自动滚屏

有时在进行线路连接或移动元件时,经常会出现窗口中的内容自动滚动的问题,这样不利于操作,主要原因在于系统默认的设置为"自动滚屏"。

要消除这种现象,可以关闭"自动滚屏"功能。执行菜单"工具"→"优先设定",系统弹出图 4 - 21 所示的对话框,在"屏幕自动移动选项"区的"风格"下拉列表框中将其设置为"Disable"即可关闭自动滚屏功能。

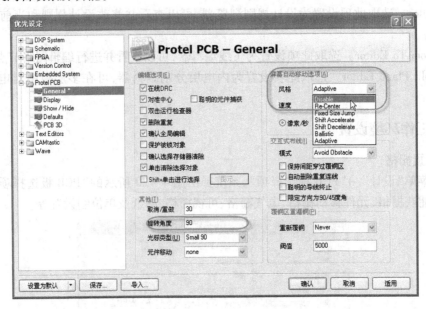

图 4 - 21 "优选设定"对话框

3. 设置图件旋转角度

在 PCB 设计时,有时板的尺寸很小,元件排列无法做到横平竖直,需要有特殊的旋转角度以满足实际要求,而系统默认的旋转角度为 90°,此时需重新设置旋转角度。

设置旋转角度在图 4 - 21 所示的对话框中的"其他"区进行,在"旋转角度"后键入所需的图件旋转一次的角度即可。

4.4 印制电路板的工作层面

1. 工作层的类型

在 Protel DXP 2004 SP2 中进行 PCB 设计时,系统提供了多个工作层面,主要层面类型如下。

1) 信号层(Signal layers)。信号层主要用于放置与信号有关的电气元素,共有 32 个信号层。其中顶层(Top layer)和底层(Bottom layer)可以放置元件和铜膜导线,其余 30 个为中间信号层(Mid layer1 ~ 30),只能布设铜膜导线,置于信号层上的元件焊盘和铜膜导线代表了电路板上的敷铜区。系统为每层都设置了不同的颜色以便区别。

2) 内部电源/接地层(Internal plane layers)。共有 16 个电源/接地层(Plane1 ~ 16),专门用于系统供电,信号层内需要与电源或地线相连接的网络通过过孔实现连接,这样可以大幅度缩短供电线路的长度,降低电源阻抗。同时,专门的电源层在一定程度上隔离了不同的信号层,有利于降低不同信号层间的干扰,只有在多层板中才用到该层,一般不布线,由整片铜膜构成。

3)机械层(Mechanical layers)。共有16个机械层(Mech1~16),一般用于设置印制板的物理尺寸、数据标记、装配说明及其他机械信息。

4)丝印层(Silkscreen layers)。主要用于放置元件的外形轮廓、元件标号和元件注释等信息,包括顶层丝印层(Top Overlay)和底层丝印层(Bottom Overlay)两种。

5)阻焊层(Solder Mask layers)。阻焊层是负性的,放置其上的焊盘和元件代表电路板上未敷铜的区域,分为顶层阻焊层和底层阻焊层。设置阻焊层的目的是防止焊锡的粘连,避免在焊接相邻焊点时发生短路,所有需要焊接的焊盘和铜箔需要该层,是制造PCB的要求。

6)锡膏防护层(Paste mask layers)。主要用于SMD元件的安装,锡膏防护层是负性的,放置其上的焊盘和元件代表电路板上未敷铜的区域,分为顶层防锡膏层和底层防锡膏层。Paste Mask是SMD钢网层,是需要回流焊的焊盘使用的,Paste Mask是PCB组装的要求。

7)钻孔层(Drill Layers)。钻孔层提供制造过程的钻孔信息,包括钻孔指示图(Drill Guide)和钻孔图(Drill Drawing)。

8)禁止布线层(Keep Out Layer)。禁止布线层用于定义放置元件和布线的区域范围,一般禁止布线区域必须是一个封闭区域。

9)多层(Multi Layer)。用于放置电路板上所有的通孔式焊盘和过孔。

10)网络飞线层(Connection and Form Tos)。网络飞线是具有电气连接的两个实体之间的预拉线,表示两个实体是相互连接的。网络飞线不是真正的连接导线,实际导线连接完成后飞线将消失。

2. 设置工作层

在Protel DXP 2004 SP2中,系统默认打开的信号层仅有顶层和底层,在实际设计时应根据需要自行定义工作层的数目。

(1)添加信号层

执行菜单"设计"→"层堆栈管理器",屏幕弹出图4-22所示的"图层堆栈管理器"对话框,在其中可以进行工作层设置。

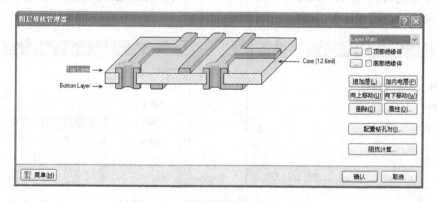

图4-22 "图层堆栈管理器"对话框

选中图4-22中的顶层(Top Layer),单击右上角的"追加层"按钮,单击一次,添加一层,添加的中间层(Mid Layer)位于顶层之下,如图4-23所示,共可添加30层。

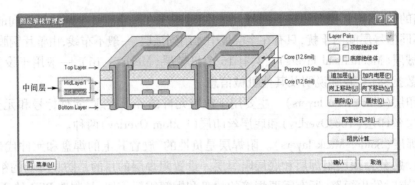

图 4 – 23　添加中间层

（2）添加内部电源/接地层

选中图 4 – 23 中的顶层（Top Layer），单击右上角的"加内电层"按钮，单击一次，添加一层，添加的层位于顶层之下，共可添加 16 层，图 4 – 24 中添加了两个内电层（电源和接地）。

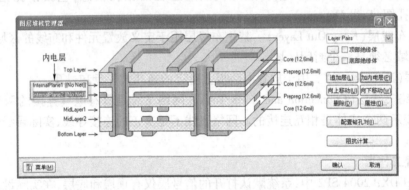

图 4 – 24　添加内部电源层和接地层

（3）添加工作层的属性修改

选中图 4 – 24 中的工作层，单击"属性"按钮，可以打开内部工作层的"编辑层"对话框，可以设置信号层的名称、印刷铜的厚度，如图 4 – 25 所示；设置内电层的名称、印刷铜的厚度、网络名及定义去掉边铜宽度等，如图 4 – 26 所示。

图 4 – 25　信号层属性设置

图 4 – 26　内电层属性设置

（4）内电层的命名

在没有原理图网络表信息的情况下，内电层是不能命名的，在有网络节点的情况下，可以

106

选择网络名对内电层进行命名,如图4-27所示。选中网络"+5V"后,该层的名称修改为
"InternalPlane1(+5V)"。

（5）内电层的分割

当需要几个网络共享一个电源层时,可以将其分割成几个区域。通常的做法是将引脚最多的网络最先指定到电源层,然后再为将要连接到电源层的其他网络定义各自的区域,每个区域由被分割网络中所有引脚的特定边界规定。任何没有在边界线中的引脚仍然显示飞线,表示它们未曾连接,需用连线连接。

（6）工作层的移动

选中某工作层,单击"向上移动"按钮或"向下移动"按钮可以调节工作层面的上下关系;单击"删除"按钮可以删除选中的层。

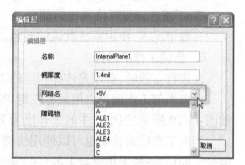

图4-27 内电层命名

3. 设置机械层

执行菜单"设计"→"PCB板层颜色",屏幕弹出"板层和颜色设置"对话框,如图4-28所示。

单击某个机械层后的"表示"复选框选中该层,系统初始默认只有Mechanical Layer1,单击鼠标去除"只显示有效的机械层"复选框将显示所有的机械层,从中可以设置所需的机械层。

4. 打开或关闭工作层

在图4-28中,去除各层后的"表示"复选框可以关闭该层,选中则打开该层。若要打开所有正在使用的层,可以单击选中"选择使用的"复选框。

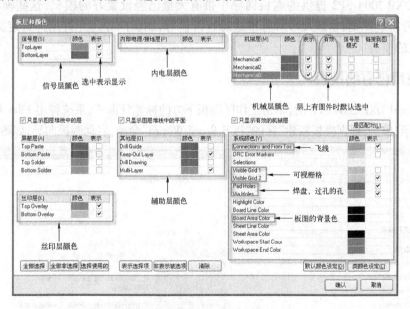

图4-28 板层和颜色设置

5. 工作层显示颜色设置

在PCB设计中,由于层数多,为区分不同层上的铜膜线,必须将各层设置为不同颜色。

在图4-28中,单击工作层名称右边的色块,系统弹出"选择颜色"对话框,可以修改工作

层的颜色。

在"系统颜色"区中,"Board Area Color"用于设置板图工作区背景颜色;"Connections and From Tos"用于设置网络飞线的颜色。

一般情况下,使用系统默认的颜色。

6. 当前工作层选择

在进行布线时,必须先选择相应的工作层,然后再进行布线。

设置当前工作层可以用鼠标左键单击工作区下方工作层标签栏上的某一个工作层实现,如图4-29所示,图中选中的工作层为 Bottom Layer。

当前工作层的转换也可以使用快捷键实现,按下小键盘上的〈*〉键,可以在所有打开的信号层间切换;按下小键盘上的〈+〉键和〈-〉键可以在所有打开的板层间切换。

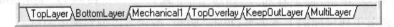

图4-29　设置当前工作层

4.5　使用制板向导创建 PCB 模板

在 Protel DXP 2004 SP2 中新建一个 PCB 文件,一种方法是通过文件创建 PCB 文件命令,启动 PCB 编辑器,同时在工作区中产生一个带有栅格的空白图纸,然后进行人工定义 PCB 的尺寸;另一种方法是使用 PCB 制板向导直接定义标准 PCB 模板。

Protel DXP 2004 SP2 提供的制板向导中带有大量已经设置好的模板,这些模板中已具有标题栏、参考布线规则、物理尺寸和标准边缘连接器等,制板向导还允许用户自定义电路板,并保存自定义的模板。

4.5.1　使用已有的模板

进入 Protel DXP 2004 SP2 后,单击工作区面板下方的标签"Files",系统弹出 Files 控制面板,如图4-30所示,单击"根据模板新建"区的"PCB Board Wizard"命令,启动制板向导,如图4-31所示。

图4-30　Files 控制面板

图4-31　启动制板向导

单击图 4 - 31 中的"下一步"按钮,进入图 4 - 32 所示的单位制选择对话框,在其中可以选择所采用的单位制,有公制和英制两种。

设置完单位制后,单击"下一步"按钮,屏幕弹出图 4 - 33 所示的选择电路板类型对话框,在其中可以选择所需的设计模板,图中选择了"PCI long card 3.3V-32BIT"。

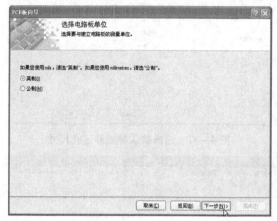

图 4 - 32　设置单位制

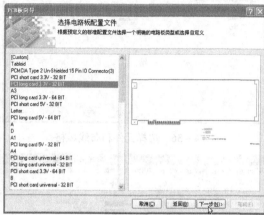

图 4 - 33　选择电路板类型

设置完设计模板后,单击"下一步"按钮,屏幕弹出图 4 - 34 所示的选择电路板层对话框,在其中可以根据需要设置信号层和内电层数量。

设置完电路板层后,单击"下一步"按钮,屏幕弹出图 4 - 35 所示的选择过孔风格对话框,可以选择通孔和盲孔或掩埋孔两种选择。

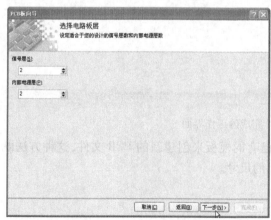

图 4 - 34　选择电路板层

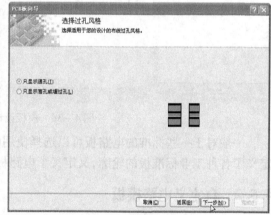

图 4 - 35　选择过孔风格

设置完过孔风格后,单击"下一步"按钮,屏幕弹出图 4 - 36 所示的选择元件和布线风格对话框,根据需要设置元件的主要类型(SMD 或通孔式)及是否双面放置元件。

设置元件和布线风格后,单击"下一步"按钮,屏幕弹出图 4 - 37 所示的布线参数设置对话框,设置新电路板的最小导线尺寸、过孔尺寸及导线的间距。设置完毕单击"下一步"按钮,系统弹出 Protel DXP 2004 SP2 电路板向导完成对话框,单击"完成"按钮结束 PCB 模板设计,设计完成的 PCI32 位的 PCB 模板如图 4 - 38 所示。

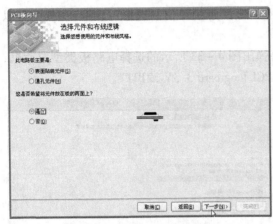

图 4-36　选择元件和布线风格

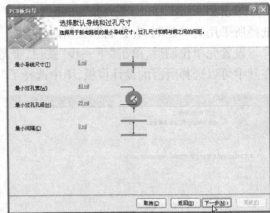

图 4-37　选择默认导线和过孔尺寸

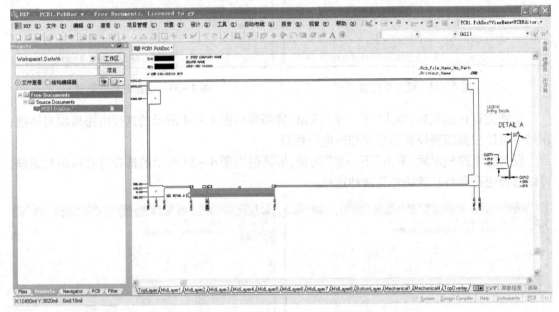

图 4-38　模板设计完成的工作界面

　　一般对于一些标准的电路板可以选择使用已有的模板来创建新的 PCB 文件,这种方法既定义了各种工业标准板的轮廓,又定义了电路板的尺寸。

4.5.2　自定义电路模板

　　用户在设计过程中可以自行定义电路模板,以满足实际需求。以下以自定义3000mil×2500mil的矩形板为例,说明自定义电路模板的方法,自定义模板的过程与使用已有模板的设计过程基本相似。

　　启动制板向导后,选择英制单位制,选择电路板类型为"Custom",创建自定义模板,如图 4-39所示。

　　单击图 4-39 中的"下一步"按钮,屏幕弹出图 4-40 所示的选择电路板参数设置对话框,图中主要参数如下。

　　1)板的轮廓形状设置,可以选择 3 种类型,即矩形、圆形和自定义。

110

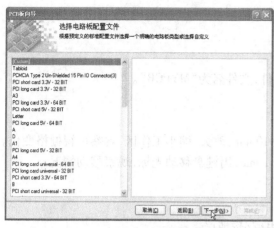

图 4 - 39 创建自定义模板

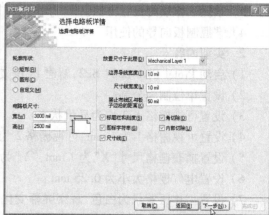

图 4 - 40 电路板参数设置

2）板的尺寸设置，主要参数有宽度、高度或半径（圆形板中设计）。

3）放置尺寸的层面设置，系统默认放置物理尺寸的层面为 mechanical Layer1，此处还可以设置禁止布线区与板子边沿的距离、边界导线和尺寸线的线宽及各种线和字符的显示控制。

根据需要设置完毕，单击"下一步"按钮，屏幕弹出图 4 - 41 所示的选择电路板角切除对话框，可以选择通孔和掩埋式和盲孔或掩埋孔两种选择。在其中修改缺角的长、宽值，对不需要缺角的，都输入 0。

定义好印制板切角后，单击"下一步"按钮，屏幕弹出图 4 - 42 所示选择电路板内部切除口对话框，可修改窗口的上下左右的位置和长、宽，若不需要开窗口，则将 4 个数据均设置为 0。

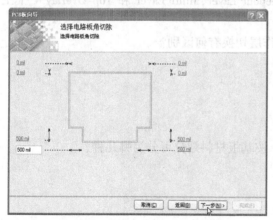

图 4 - 41 定义印制板切角

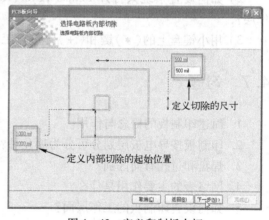

图 4 - 42 定义印制板内切

此后的操作与使用已有模板中的方法相同，分别设置电路板层、过孔风格、元件和布线风格、布线参数设置后，屏幕弹出制板向导完成对话框，单击"完成"按钮结束设置。

4.6 实训 PCB 编辑器使用

1. 实训目的

1）掌握 PCB 编辑器的启动方法。

2）掌握 PCB 编辑器的基本设置。

3）掌握工作层的设置方法。

4）掌握制板向导的使用

2. 实训内容

1）启动 Protel DXP 2004 SP2，新建 PCB 文件，文件名为"MYPCB"。

2）设置单位制为公制。

3）设置可视栅格 1、2 均为显示状态。

4）设置可视栅格 1 为 1 mm、可视栅格 2 为 10 mm，放大、缩小工作区，观察可视栅格变化。

5）设置捕获栅格尺寸"X"为 1 mm，"Y"为 1 mm，用键盘移动光标，观察移动情况。

6）设置电气栅格大小为 0.25 mm。

7）设置工作区背景为白色，观察屏幕变化。

8）定义工作层的数目为 2 个信号层、2 个电源/接地层。

9）定义机械层的显示为 Mechanical Layer1。

10）设置所有的工作层为打开状态。

11）练习工作层间的相互切换。单击小键盘上的〈＊〉键、〈＋〉键和〈－〉键，观察切换特点。

12）利用制板向导制作 120 mm×80 mm 的矩形 PCB 板。

13）保存 PCB 文件。

3. 思考题

1）如何设置可视栅格 1 为显示状态？

2）如何设置系统只打开 Bottom Layer、Keepout Layer、Multi Layer 和 Top Overlay 4 个工作层？

3）用小键盘上的〈＊〉键和〈＋〉键进行工作层切换有何区别？

4.7　习题

1. 简述印制板的概念与作用。

2. 印制板按导电板层划分可分为哪几种？按基板材料划分可分为哪几种？

3. 焊盘和过孔有何区别？

4. 网络表的主要作用是什么？

5. 如何设置印制板的工作层面？

6. 如何设置单位制？

7. 如何设置栅格尺寸？

8. 如何设置板层的颜色？

9. 如何进行工作层间的切换？

10. 利用制板向导设计"PCI short card 5V-32BIT"的印制板。

11. 举例说明 PCB 封装形式的命名方法。

第 5 章　PCB 手工布线

本章要点

- PCB 布线前的准备工作:规划印制电路板、设置元件库
- 放置元件、焊盘及过孔
- 手工布局原则及手工布局
- 手工布线原则及手工布线
- PCB 元件设计

Protel DXP 2004 SP2 系统整合了制作印制电路板的全套工具,用户可以通过自动布线的形式完成 PCB 的制作,但在实际应用中,自动布线的结果并不一定能满足用户的需求,还需要大量手工布线调整工作。

本章通过几个案例介绍 PCB 手工布线方法,主要有两大类,一类是元件数量少的简单电路,可以不通过原理图和网络表,直接进行手工布线;另一类是较为复杂的电路,可以先设计原理图,然后直接从原理图调用元件和网络表到 PCB,最后再进行布局调整和手工布线。

5.1　简单 PCB 设计——单管放大电路

手工设计 PCB 是用户直接在 PCB 软件中根据原理图进行手工放置元件、焊盘、过孔等,并进行线路连接的操作过程,这种方法适用于元件较少的电路。

手工设计的一般步骤如下。

1)规划印制电路板,设置元件库。

2)放置元件、焊盘、过孔等图件。

3)元件布局。

4)手工布线。

5)电路调整。

以下采用图 5 - 1 所示单管放大电路为例介绍手工布线方法。

图中有 3 种类型的元件,封装形式均在 Miscellaneous Device. IntLIB 库中,其中电阻的封装形式选择 AXIAL - 0.4,三极管的封装形式选择 BCY - W3,电解电容的封装形式选择 CAPPR2 - 5x6.8。

PCB 尺寸:70 mm × 40 mm。

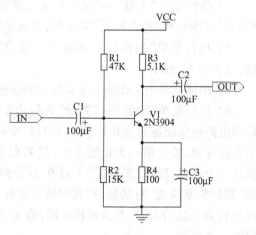

图 5 - 1　单管放大电路

5.1.1 规划 PCB 尺寸

在进行 PCB 设计前首先需要规划 PCB 的外观形状和尺寸,大多数情况下 PCB 为规则形状,如矩形,也可以有其他形状。规划 PCB 实际上就是定义印制电路板的机械轮廓和电气轮廓。

印制电路板的机械轮廓是指印制电路板的物理外形和尺寸,需要根据公司和制造商的要求进行相应的规划,机械轮廓定义在机械层上,比较合理的规划机械层的方法是在一个机械层上绘制印制电路板的物理轮廓,而在其他的机械层上放置物理尺寸、队列标记和标题信息等。

印制电路板的电气轮廓是指印制电路板上放置元件和布线的范围,电气轮廓一般定义在禁止布线层(Keep Out Layer)上,是一个封闭的区域,一般的电路设计仅规划 PCB 的电气轮廓即可。

本例中采用公制规划尺寸,具体步骤如下。

1)执行菜单"设计"→"PCB 板选择项",设置单位制为 Metric(公制);设置可视栅格 1、2 分别为 1 mm 和 10 mm;捕获栅格 X、Y 和元件网格 X、Y 均为 0.5 mm,如图 5 - 2 所示。

图 5 - 2   PCB 板选择项参数设置

2)执行菜单"设计"→"PCB 板层次颜色",设置显示可视栅格 1(Visible Grid1)。

3)执行菜单"工具"→"优先设定",屏幕弹出"优先设定"对话框,选中"Display"选项,在"表示"区中选中"原点标记"复选框,显示坐标原点。

4)执行菜单"编辑"→"原点"→"设定",定义相对坐标原点,设定后,沿原点往右为 + x 轴,往上为 + y 轴。

5)用鼠标单击工作区下方标签中的 Keep-Out Layer,将当前工作层设置为 Keep Out Layer。

6)执行菜单"放置"→"直线"进行边框绘制,一般规划印制电路板从坐标原点开始,将光标移到坐标原点(0,0),单击鼠标左键,确定第一条边的起点,按键盘上的〈J〉键,屏幕弹出一个菜单,选择"新位置"子菜单,屏幕弹出图 5 - 3 所示的"跳转到某位置"对话框,在其中输入坐标(70,0),光标自动跳转到坐标(70,0),双击鼠标左键,确定连线终点,从而绘制第一条边线。

图 5 - 3   定义位置坐标

7）采用同样方法继续画线，坐标依次为（70,40）、（40,0）和（0,0），绘制一个尺寸为70 mm×40 mm 的闭合边框，以此边框作为印制电路板的尺寸，如图5 –4所示。此后，放置元件和 PCB 布线都要在此边框内部进行。

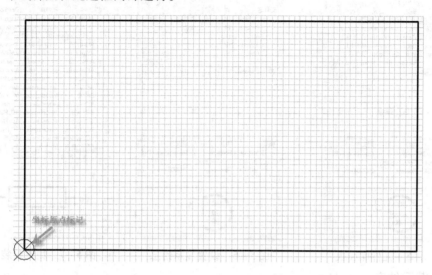

图 5 – 4　规划 70 mm × 40 mm 的印制电路板

在规划印制电路板时一般不用直线直接绘制，原因在于画线的时候靠眼睛辨别，确定线条长度比较困难，容易在转弯处产生 45°斜线。

采用光标跳跃到新位置的方法最突出的优点是定位准确，顶点可靠闭合，且不会在转弯处产生 45°斜线。

5.1.2　设置 PCB 元件库

在进行 PCB 手工设计前，首先要知道使用的元件各自存在于哪一个 PCB 元件库中，有些特殊的元器件可能系统的元件库中没有提供，用户还必须使用系统提供的 PCB 元件库编辑器自行设计元件，并将这些元件所在的库——添加进当前库（Libraries）中，这样才能调用自行设计的元件。

图 5 – 1 中的元件封装形式都在系统提供的 Miscellaneous Device. IntLIB 库中，设计前需将该库设置为当前库。

1. 设置元件库显示封装名和封装图形

由于 Protel DXP 2004 SP2 中，元件库是集成的，它包括元件图形、元件封装、元件参数等信息，进入 PCB 设计系统后，元件库默认的是显示集成库的信息，不利于选择元件的封装形式，此时可以通过适当的设置，令其显示的信息为元件的封装信息，便于调用元件的封装。

用鼠标单击工作区右侧的"元件库"标签，系统弹出元件库面板，如图 5 – 5 所示，面板上显示的是集成库的信息，如元件名、元件图形、参数及封装图形等，此时不易辨别元件的封装名。

用鼠标单击图 5 – 5 中的"…"按钮，屏幕弹出一个小窗口用于选择元件库显示信息，如图 5 – 6所示，去除"元件"的复选状态，选中"封装"复选框，单击"Close"按钮，屏幕显示图 5 – 7元件库面板，面板上显示的即为封装信息，此时可以通过面板放置元件封装。

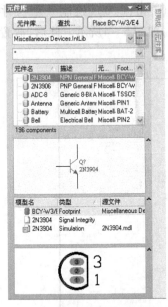
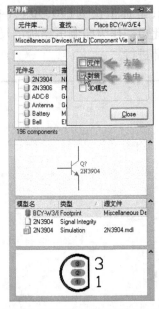

图 5-5　元件库面板　　　　图 5-6　设置显示信息　　　　图 5-7　浏览封装信息

2. 加载元件库

在 Protel DXP 2004 SP2 中,PCB 库文件一般集成在集成库中,文件的扩展名为". IntLib",在绘制完原理图后即可直接选择元件的封装形式。该软件也提供了一些未集成的 PCB 库,文件的扩展名为". PcbLib",位于 Altium2004 SP2\Library\Pcb 目录下。

元件封装也可以自行设计,调用自行设计的元件封装时必须先加载自定义的元件库。

安装元件库的方法与原理图设计中的相同,可以单击图 5-5 中的"元件库"按钮进行元件库设置,本例的封装形式均在 Miscellaneous Device. IntLIB 库中。

3. 设置指定路径下所有元件库为当前库

有时不知道某些元件封装所在的库和元件封装的名字,可以通过设置路径的方式,将所有的库设置为当前库,以便从中查找所需的元件封装图形和名称。

单击图 5-5 中的"元件库"按钮,屏幕弹出图 5-8 所示的"可用元件库"对话框,选中"查找路径"选项卡,单击"路径"按钮,屏幕弹出图 5-9 所示的"PCB 项目选项"对话框。

单击图 5-9 中的"追加"按钮,屏幕弹出"编辑查找路径"对话框,单击"…"按钮,屏幕弹出"浏览文件夹"对话框,用于设置元件库所在的路径,本例中路径选择"Altium2004 SP2\Library\Pcb"。

如图 5-10 所示,选好路径后单击"确认"按钮完成设置,系统退回"编辑查找路径"对话框,再次单击"确认"按钮完成全部设置工作,系统退回图 5-9 所示的界面,同时"Path"栏显示设置好的路径,单击"确认"按钮,系统退回图 5-8 所示界面,同时将该目录下的元件库设置成当前库。

图 5-8　安装"可用元件库"对话框

图 5-9　追加路径　　　　　　　　　　　　　图 5-10　设置路径

注意：如果路径选择"Altium2004 SP2\Library\Pcb"，只包含 PCB 封装库；如果选择"Altium2004 SP2\Library"，则包含集成元件库和 PCB 封装库。

5.1.3　放置元件封装

规划印制电路板、设置元件库后，就可以在印制电路板上放置各种图件，如元件、焊盘、过孔和印制导线等。

1. 通过菜单或相应按钮放置元件

执行菜单"放置"→"元件"或单击配线工具栏上按钮，屏幕弹出放置元件对话框，如图 5-11 所示，以放置三极管封装为例，在"封装"栏中输入元件封装名，如图中的 BCY-W3；在"标识符"栏中输入元件标号，如图中的 V1；在"注释"栏中输入元件的型号或标称值，如图中的 2N3904。参数设置完毕，单击"确认"按钮，将元件移动到适当的位置单击鼠标左键放置元件。

图 5-11　"放置元件"对话框

单击"封装"栏后的"…"按钮进行浏览,屏幕弹浏览元件对话框,可以浏览当前库中的所有元件封装。

放置元件后,光标上自动粘贴着一个相同的元件,可继续放置元件,标号自动加1(如V2);单击鼠标右键,屏幕弹出"放置元件"对话框,可以设置要放置的元件封装;单击"取消"按钮则退出放置状态。

本例中,在图5-4所示的禁止布线区中,根据原理图,依次放置电阻 AXIAL-0.4,电解电容 CAPPR2-5x6.8 和三极管 BCY-W3,如图5-12所示。

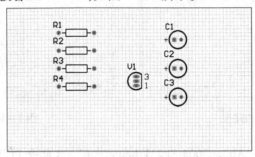

图5-12　放置后的元件

2. 从元件库中直接放置

从元件库中放置元件如图5-13所示。有时在进行PCB设计时,不知道元件封装名,可以通过元件库面板上的图形浏览窗逐个浏览元件,并从中选择所需的封装。

由于元件的封装都保存在相应的元件库中,所以在浏览元件前必须先载入相关元件库。

用鼠标单击元件库面板上方的下拉列表框按钮▾,屏幕列出已经设置的所有元件库,此时可在其中选择要浏览的元件库。

选中元件库后,下方的元件名称和封装图形都会跟随着发生变化,此时可以在其中逐个浏览所需的元件封装。

选择好封装,单击右上角的放置按钮 Place AXIAL-0.4 ,放置元件。(选择元件后,放置按钮的"Place"后会自动加上元件的封装名,如 AXIAL-0.4)

3. 设置元件属性

双击元件,屏幕弹出图5-14所示的元件属性对话框,可以进行元件属性设置,主要内容如下。

（1）元件所在层设置

用于设置元件放置的工作层,对于单面板,设置为顶层(Top Layer);对于双面以上的板则根据实际的放置情况,可设置为顶层(Top Layer)或底层(Bottom Layer)。

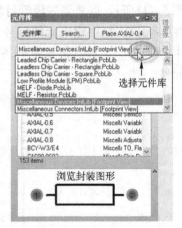

图5-13　从元件库中放置元件

（2）标识符设置

用于设置元件的标号,元件标号必须是唯一的,默认为显示状态。

（3）注释设置

用于设置元件的标称值或型号,默认状态为隐藏。一般为了便于PCB装配时识别元件,需将其设置为显示状态。

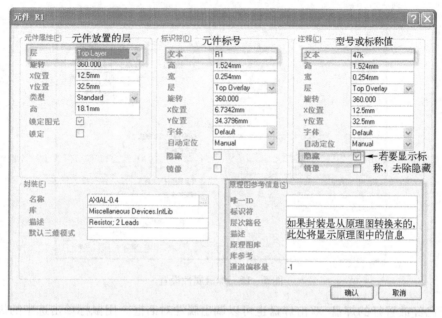

图 5 – 14　元件封装属性设置

根据图 5 – 1,逐个检查并设置好元件属性。

5.1.4　放置焊盘

1. 放置焊盘

焊盘有通孔式的,也有仅放置在某一层面上的贴片式(主要用于表面封装元件),外形有圆形(Round)、正方形(Rectangle)和正八边形(Octagonal)等,如图 5 – 15 所示。

图 5 – 15　通孔式焊盘的 3 种基本形状

执行菜单"放置"→"焊盘"或单击放置工具栏上按钮◎,进入放置焊盘状态,移动光标到合适位置后,单击鼠标左键,放下一个焊盘,此时仍处于放置状态,可继续放置焊盘,每放置一个焊盘,焊盘编号自动加 1,放置完毕,单击鼠标右键,退出放置状态。

2. 焊盘属性设置

在焊盘处于悬浮状态时,按下键盘上的〈Tab〉键,调出焊盘属性对话框,如图 5 – 16 所示。

在对话框中主要设置孔径、尺寸、形状、标识符(焊盘编号)、所在层、所在的网络、电气类型及焊盘的钻孔壁是否要镀铜等,一般自由焊盘的编号设置为 0。

若要设置焊盘为表面封装的焊盘,则将其"孔径"设置为 0,将"层"设置为所需的工作层,如顶层,选择 Top Layer;底层,选择 Bottom Layer。

在自动布线中,必须对独立焊盘进行网络设置,这样才能完成布线。设置网络的方法为在图 5 – 16 中的"网络"下拉列表框中选定所需的网络。在手工布线中,Net 下拉列表框中为 Not Net(没有网络)。

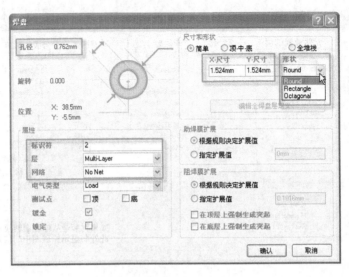

图 5-16 焊盘属性设置

对于已经放置好的焊盘,双击焊盘也可以调出属性对话框。用鼠标单击选中的焊盘,用鼠标左键点住控点,可以移动焊盘。

本例中,必须添加 6 个通孔式焊盘,其中输入 2 个焊盘、电源端及接地端 2 个焊盘,输出 2 个焊盘,以便与外部连接。

5.1.5　放置过孔

过孔用于连接不同层上的印制导线,过孔有 3 种类型,分别是通透式(Multi - layer)、隐藏式(Buried)和半隐藏式(Blind)。通透式过孔导通底层和顶层,隐藏式导通相邻内部层,半隐藏式导通表面层与相邻的内部层。

执行菜单"放置"→"过孔"或用单击放置工具栏上按钮，进入放置过孔状态,移动光标到合适位置后,单击鼠标左键,放下一个过孔,此时仍处于放置过孔状态,可继续放置过孔。

在放置过孔状态下,按下键盘的〈Tab〉键,调出图 5-17 所示的属性对话框,可以设置过孔的孔径、直径、过孔起始层和终止层及过孔所在的网络等。

本例中由于是单面板设计,无须使用过孔。

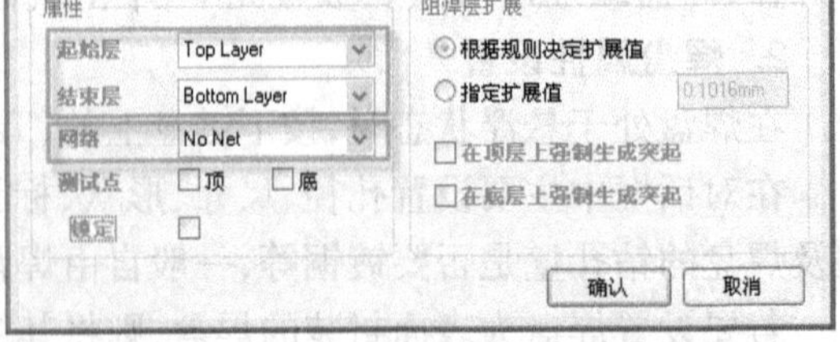

图 5-17　"过孔"属性对话框

5.1.6　制作螺钉孔等定位孔

在印制电路板中,经常要用螺钉来固定散热片和 PCB,或者打定位孔,它们与焊盘或过孔不同,一般不需要有导电部分。在实际设计中,可以利用放置焊盘或过孔的方法来制作螺钉孔。下面以放置焊盘的方法为例介绍螺钉孔的制作过程。

一般焊盘的里层是通孔的孔径,在孔壁上有覆铜,外层是一圈铜箔,利用它来制作螺钉孔的具体步骤如下。

1) 执行菜单"放置"→"焊盘",进入放置焊盘状态,按下键盘的〈Tab〉键,出现焊盘的属性对话框,如图5-18所示,选择圆形焊盘,并设置X尺寸、Y尺寸和孔径为相同值,目的是不要表层铜箔。

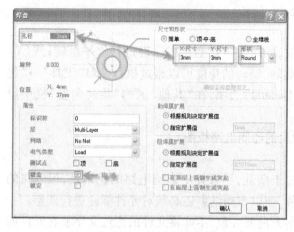

图5-18 定义螺钉孔

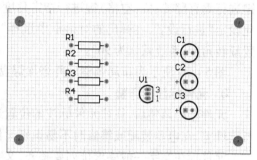

图5-19 放置螺钉孔后的PCB

2) 在"属性"区中,取消"镀金"后的复选框,目的是取消在孔壁上的铜。

3) 单击"确定"按钮,退出对话框,移动光标到合适的位置放置焊盘,此时放置的就是一个螺钉孔。图5-19在板的四角即放置了4个3mm的螺钉孔。

螺钉孔也可以通过放置过孔的方法来制作,具体步骤与利用焊盘方法相似,只要在过孔的属性对话框中设置直径和孔径为相同值即可。

5.1.7 元件手工布局

1. 手工移动元件

（1）用鼠标移动元件

元件移动有多种方法,比较快捷的方法是直接使用鼠标进行移动,即将光标移到元件上,按住鼠标左键不放,将元件拖动到目标位置。

（2）使用菜单命令移动元件

执行菜单"编辑"→"移动"→"元件",光标变为"十"字,移动光标到需要移动的元件处,单击该元件,移动光标即可将该元件移动到所需的位置,单击鼠标左键放置元件。

执行该命令后,在板上的空白处单击鼠标左键,屏幕弹出"选择元件"对话框,显示板上的元件清单,在其中选择要移动的元件后单击"确认"按钮选中元件。此法在板上元件数量比较多时便于查找元件。

（3）拖动元件和连线

对于已连接印制导线的元件,有时希望移动元件时,印制导线也跟着一起移动,则在进行移动前,必须进行拖动连线的系统参数设置,使移动元件时工作在拖动连线状态,设置方法如下。

执行菜单"工具"→"优先设定",屏幕弹出"优先设定"对话框,选择"General"选项,在"其他"区的"元件移动"下拉列表框,选中"Connected Tracks"设定拖动连线。

此时执行菜单"编辑"→"移动"→"拖动",可以实现元件和连线的拖动。

（4）在 PCB 中快速定位元件

在 PCB 较大时,查找元件比较困难,此时可以采用"跳转到"命令进行元件跳转。

执行菜单"编辑"→"跳转到"→"元件",屏幕弹出一个对话框,提示输入要查的元件标号,单击"确认"按钮,光标跳转到指定元件上。

2. 旋转元件

用鼠标单击选中元件,按住鼠标左键不放,同时按下键盘的〈X〉键进行水平翻转;按〈Y〉键进行垂直翻转;按〈空格〉键进行指定角度旋转,旋转的角度可以通过执行菜单"工具"→"优先设定"进行设置,在弹出的对话框中选择"General"选项,在"其他"区的"旋转角度"栏中设置旋转角度,系统默认为 90°。

图 5 - 20 所示为布局调整后并添加焊盘后的印制电路板图。

3. 元件标注的调整

元件布局调整后,往往元件标注的位置过于杂乱,尽管并不影响电路的正确性,但电路的可读性差,在电路装配或维修时不易识别元件,所以布局结束还必须对元件标注进行调整。

元件标注文字一般要求排列要整齐,文字方向要一致,不能将元件的标注文字放在元件的框内或压在焊盘或过孔上。元件标注的调整采用移动和旋转的方式进行,与元件的操作相似;修改标注内容可直接双击该标注文字,在弹出的对话框中进行修改。

在 Protel DXP 2004 SP2 中,系统默认的注释是处于隐藏状态,实际使用时为了便于读图,应将其设置为显示状态。双击要修改的元件,屏幕弹出图 5 - 14 所示的元件属性对话框,在"注释"区取消"隐藏"即可。

图 5 - 20 所示的元件布局图中,元件的标注文字未调好,存在重叠、反向及堆积在元件上的问题,由于该元件的标注文字在顶层丝网层上,有些标号将被元件覆盖。为保证 PCB 的可读性,必须手工移动好元件的标注,经过调整标注后的电路布局如图 5 - 21 所示。

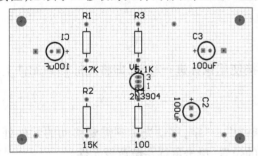 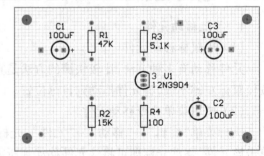

图 5 - 20　元件布局图　　　　　　　图 5 - 21　调整后的 PCB 布局

5.1.8　3D 预览

Protel DXP 2004 PS2 提供有 3D 预览功能,可以在电脑上直接预览电路板的效果,根据预览的情况可以重新调整元件布局。3D 预览是以系统默认的 PCB 板的形状进行显示的,为保证 3D 预览的效果,一般要将 PCB 板的形状定义与电气边框一致,系统默认 PCB 板如图 5 - 22 所示。

执行菜单"设计"→"PCB 板形状"→"重新定义 PCB 板形状",屏幕出现"十"字光标,移动鼠标,单击鼠标左键,根据电气边框重新定义与电气边框相同 PCB 形状,重新定义后的 PCB 板如图 5 – 23 所示。

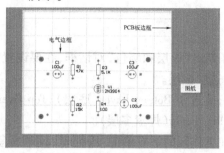
图 5 – 22　系统默认的 PCB 板

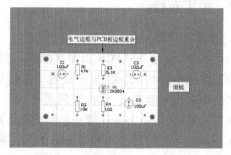
图 5 – 23　重新定义后的 PCB 板

执行菜单"查看"→"显示三维 PCB 板",对电路板进行 3D 预览,系统自动产生 3D 预览文件,如图 5 – 24 所示,图中三极管 V1 在 PCB3D 库中没有元件模型,故未显示元件 3D 图形。

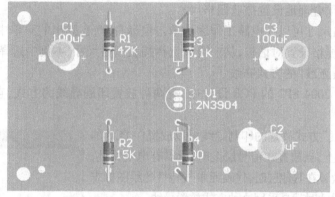
图 5 – 24　调整好布局的 3D 预览图

在图形左边的"PCB3D"区中,选中"元件"显示元件,选中"丝印层"显示丝印层,选中"铜"显示敷铜层,选中"文本"显示标注文字,选中"电路板"显示电路板。拖动视图小窗口的坐标轴可以任意旋转 PCB 板的 3D 视图,如图 5 – 25 所示。

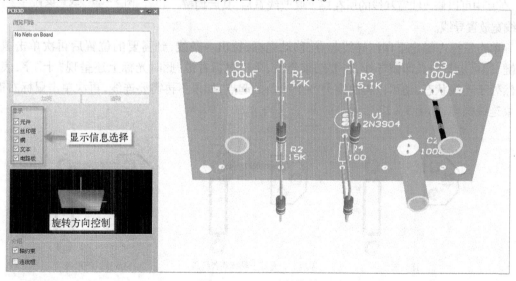
图 5 – 25　3D 显示控制

5.1.9 手工布线

1. 设置工作层

执行菜单"设计"→"PCB 板层次颜色",屏幕弹出"板层和颜色"对话框,在要设置为显示状态的工作层中后的"表示"复选框内单击打勾,选中该层。

本例中采用单面布线,元件采用通孔式元件,故选中 Bottom Layer(底层)、Top Overlay(顶层丝网层)、Keep - out Layer(禁止布线层)及 Multi - Layer(焊盘多层)。

PCB 单面布线的布线层为 Bottom Layer,故在工作区的下方单击"Bottom Layer"标签,选中工作层为 Bottom Layer。

2. 为手工布线设置栅格

在进行手工布线时,如果栅格的设置不合理,布线可能出现锐角,或者印制导线无法连接到焊盘上,因此必须合理地设置捕获栅格尺寸。

设置捕获栅格尺寸可以在电路工作区中单击鼠标右键,在弹出的菜单中选择"捕获栅格"子菜单,屏幕弹出栅格设置对话框,从中可以选择捕获栅格尺寸,本例中选择 0.500 mm。

3. 通过"放置直线"的方式布线

在 Protel DXP 2004 SP2 的 PCB 设计中,有两种放置印制导线的方式,它们的适用场合和操作方式不同。

通过"放置直线"方式放置的印制导线可以放置在 PCB 的信号层和非信号层上,当放置在信号层上时,就具有电气特性,称为印制导线;当放置在其他层时,代表无电气特性的绘图标志线,在规划印制板尺寸时就是采用这种方式放置导线。

图 5 - 26 线宽设置

执行菜单"放置"→"直线",进入放置 PCB 导线状态,系统默认放置线宽为 10mil 的连线,若在放置连线的初始状态时,单击键盘上的〈Tab〉键,屏幕弹出图 5 - 26 所示的"线约束"对话框,在其中可以修改线宽和线的所在层。修改线宽后,其后均按此线宽放置导线。

单击鼠标左键定下印制导线起点,移动光标,拉出一条线,到需要的位置后再次单击鼠标左键,即可定下一条印制导线,若要结束连线,单击鼠标右键,此时光标上还呈现"十"字,表示依然处于连线状态,还可以再决定另一个线条的起点,如果不再需要连线,再次单击鼠标右键,结束连线操作,如图 5 - 27 所示。

连线前   连线后,光标上继续连着线条   完成连线的线条

图 5 - 27 连线示意图

在放置印制导线过程中,同时按下〈Shift〉+〈空格〉键,可以切换印制导线转折方式,共有6种,分别是45°、弧线、90°、圆弧角、任意角度和1/4圆弧转折,如图5-28所示。

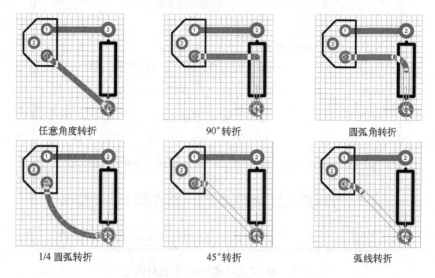

图5-28 连线的转折方式

本例中设计的是单面板,故布线层为Bottom Layer(底层),手工布线后的电路如图5-29所示,其中印制导线的线宽设置为1.2 mm,焊盘的直径为1.8 mm,采用了45°和1/4圆弧转折方式。

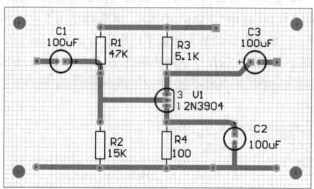

图5-29 手工布线后的PCB

4. 通过"交互式布线"的形式布线

有时候在布线中希望系统能根据需要切换信号层,并自动放置过孔,此时可以使用交互式布线功能实现,交互式布线常用于带有网络飞线的电路中进行连线。

执行菜单"放置"→"交互式布线"或单击放置工具栏上的▨按钮,可以进行交互式放置印制导线,该方式下的印制导线只能放置在PCB的信号层上,在布线过程中,单击小键盘的〈*〉键可以切换信号层,系统将自动添加过孔,以满足不同层间的布线,而采用"放置直线"的方式虽然也可以切换工作层,但它不会自动添加过孔。

在连线过程中单击键盘上的〈Tab〉键,屏幕弹出"交互式布线"对话框,可以改变线宽、线所在层及布线过孔的直径,如图5-30所示。

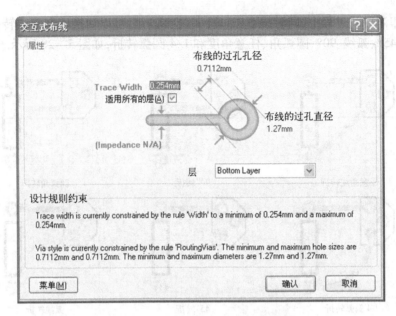

图 5 - 30 "交互式布线"设置对话框

此时可以在图中修改连线宽度,但该连线宽度是受"线宽限制规则(Width)"的限制,设置的线宽必须在该规则的范围之内,否则不予确认。要解决线宽限制问题,必须先定义好线宽限制规则。

执行菜单"设计"→"规则",屏幕弹出"PCB 规则和约束编辑器"对话框,打开"Routing"选项,选中并打开"Width"选项,选中"Width"子选项,屏幕弹出图 5 - 31 所示的线宽限制对话框,显示当前设置的线宽,系统默认的最大和最小线宽均为 0.254 mm(10 mil),在其中可以设置连线的最大宽度、最小宽度和优选尺寸。图中将底层(Bottom Layer)的最大线宽改为2 mm。

图 5 - 31 线宽限制设置

多层板中,在不同板层上的布线应采用垂直布线法,即一层采用水平布线,则相邻的另一层应采用垂直布线。在绘制电路板时,不同层之间铜膜线的连接依靠过孔(金属化孔)实现。

对于双面板或多层板的连线,如果线条在走线时被同一层的另一个线条所阻挡,如图 5-32 所示,在被阻挡前可通过过孔连接,其孔壁的金属转到另一层来继续走线。

执行菜单"放置"→"交互式布线",先画图中底层的线,到要转换到顶层的位置,单击小键盘的〈*〉键进行层切换,系统在该处自动添加过孔,继续单击鼠标完成剩余的连线,如图 5-33 所示。

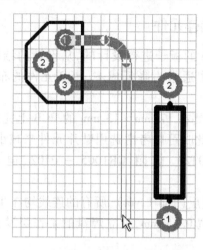

图 5-32　连线被同层线条阻挡

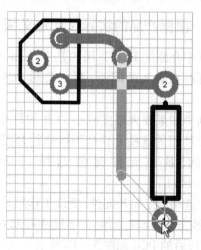

图 5-33　通过过孔在不同层交叉连线

在跨层连线时,也可以采用下列方法进行:决定连线起点后,确定从起点开始的一部分线条,当想越过同层线条时,单击■按钮,放置一个过孔,使上、下板层之间通过过孔实现连接,将工作层切换到另一层继续绘制余下的连线。

5. 编辑印制导线属性

双击 PCB 中的印制导线,屏幕弹出图 5-34 所示的印制导线属性对话框,可以修改印制导线的属性。

其中:"宽"设置印制导线的线宽;"层"下拉列表框设置印制导线所在层,本例为单面板,选择 Bottom Layer;"网络"下拉列表框用于选择印制导线所属的网络,在手工布线,由于不存在网络,所以是 No Net(在自动布线中,由于装载了网络,可以在其中选择具体的网络名);"锁定"复选框用于设置铜膜是否锁定。所有设置修改完毕,单击"确认"按钮结束。

在印制板设计中,一般地线要加宽一些,加宽地线可以先将原来的地线删除,然后执行菜单"放置"→"矩形填充",在相应位置单击鼠标左键拉出一个矩形填充区进行放置。本例中将地线宽度修改为 2.5 mm,如图 5-35 所示。

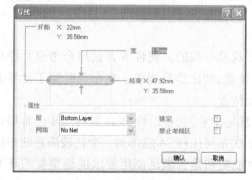

图 5-34　导线属性对话框

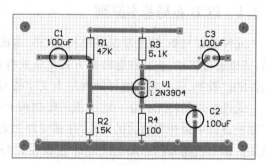

图 5-35　加宽地线后的 PCB

注意： 在 Protel DXP 2004 SP2 中，系统设置了在线 DRC 检查，默认布线必须有网络表，而上述例子中 PCB 的设计是没有通过网络表进行，因此在连线时，导线会高亮显示，提示违反规则，此时可以将 DRC 错误标记设置为不显示，设置方法为：执行菜单"设计"→"PCB 板层次颜色"，在弹出的窗口中去除"DRC Error Markers"后的复选框。

5.1.10　根据产品的实际尺寸定义板子和选择元件

上节中介绍的 PCB 采用的是 70 mm × 40 mm 的板子进行设计的，从设计的结果上看，元件之间存在较大的间距，而在实际 PCB 设计中通常为降低成本，PCB 元件的布局比较紧凑。

本例中如果要大幅度减小 PCB 的尺寸，要求要在 17 mm × 13 mm 的 PCB 上完成布线，显然前面使用的这些元件是不可能符合要求的，此时可以考虑选用贴片元件来减小元件占用的空间，具体元件封装选择：三极管 SOT23、电阻 CR1005 - 0402、电解电容 TC3528 - 1411。

由于选用的是贴片元件，所以工作层设置在顶层（Top Layer），所有的连线均在 Top Layer 连接，连线宽 0.6 mm，标注文字尺寸高 0.6 mm，宽 0.15 mm，独立焊盘的工作层设置为 Top Layer，布线后的 PCB 如图 5-36 所示。

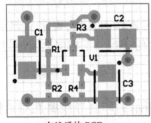 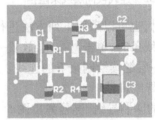

布线后的 PCB　　　　　　　　　　　PCB 的 3D 图

图 5-36　采用贴片元件设计的单管放大电路 PCB

5.2　PCB 布局、布线的一般原则

上节介绍的例子中只是从布通导线的思路去完成整个 PCB 的设计，在实际设计中 PCB 布局和布线时还必须遵循一定的规则，以保证设计出的 PCB 符合实际要求。

5.2.1　PCB 布局基本原则

元件放置完毕，应当从机械结构、散热、电磁干扰及布线的方便性等方面综合考虑元件布局，可以通过移动、旋转和翻转等方式调整元件的位置，使之满足要求。在布局时除了要考虑元件的位置外，还必须调整好丝网层上文字符号的位置。

元件布局是将元件在一定面积的印制板上合理地排放，它是设计 PCB 的第一步。布局是印制板设计中最耗费精力的工作，往往要经过若干次布局比较，才能得到一个比较满意的布局结果。印制线路板的布局是决定印制板设计是否成功和是否满足使用要求的最重要的环节之一。

一个好的布局,首先要满足电路的设计性能,其次要满足安装空间的限制,在没有尺寸限制时,要使布局尽量紧凑,减小 PCB 设计的尺寸,减少生产成本。

为了设计出质量好、造价低、加工周期短的印制板,印制板布局应遵循下列的基本原则。

1. 元件排列规则

1）遵循先难后易,先大后小的原则,首先布置电路的主要集成块和晶体管的位置。

2）在通常条件下,所有元件均应布置在印制板的同一面上,只有在顶层元件过密时,才将一些高度有限并且发热量小的器件,如贴片电阻、贴片电容、贴片 IC 等放在底层,如图 5 - 37所示。

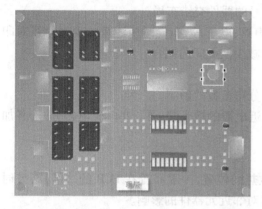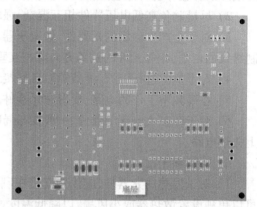

图 5 - 37 元件排列图

3）在保证电气性能的前提下,元件应放置在栅格上且相互平行或垂直排列,以求整齐、美观,一般情况下不允许元件重叠,元件排列要紧凑,输入和输出元件尽量远离。

4）同类型的元件应该在 X 或 Y 方向上一致;同一类型的有极性分立元件也要力争在 X或 Y 方向上一致,以便于生产和调试,具有相同结构的电路应尽可能采取对称布局。

5）集成电路的去耦电容应尽量靠近芯片的电源脚,以高频最靠近为原则,使之与电源和地之间形成回路最短。旁路电容应均匀分布在集成电路周围。

6）元件布局时,使用同一种电源的元件应考虑尽量放在一起,以便于将来的电源分割。

7）某些元器件或导线之间可能存在较高的电位差,应加大它们之间的距离,以免因放电、击穿引起意外短路。带高压的元器件应尽量布置在调试时手不易触及的地方。

8）位于板边缘的元件,一般离板边缘至少两个板厚。

9）对于 4 个引脚以上的元件,不可进行翻转操作,否则将导致该元件安装插件时引脚号不能一一对应。

10）双列直插式元件相互的距离要大于 2 mm,BGA 与相邻元件距离大于 5 mm,阻容等贴片小元件元件相互距离大于 0.7 mm,贴片元件焊盘外侧与相邻通孔式元件焊盘外侧要大于 2 mm,压接元件周围 5 mm 不可以放置插装元器件,焊接面周围 5 mm 内不可以放置贴片元件。

11）元器件在整个板面上分布均匀、疏密一致、重心平衡。

2. 按照信号走向布局原则

1) 通常按照信号的流程逐个安排各个功能电路单元的位置,以每个功能电路的核心元件为中心,围绕它进行布局,尽量减小和缩短元器件之间的引线和连接。

2) 元件的布局应便于信号流通,使信号尽可能保持一致的方向。多数情况下,信号的流向安排为从左到右或从上到下,与输入、输出端直接相连的元件应当放在靠近输入、输出接插件或连接器的附近。

3. 防止电磁干扰

1) 对辐射电磁场较强的元件,以及对电磁感应较灵敏的元件,应加大它们相互之间的距离或加以屏蔽,元器件放置的方向应与相邻的印制导线交叉。

2) 尽量避免高低电压器件相互混杂、强弱信号的器件交错布局。

3) 对于会产生磁场的元器件,如变压器、扬声器、电感等,布局时应注意减少磁力线对印制导线的切割,相邻元件的磁场方向应相互垂直,减少彼此间的耦合。

4) 对干扰源进行屏蔽,屏蔽罩应良好接地。

5) 在高频下工作的电路,要考虑元器件之间分布参数的影响。

6) 对于存在大电流的器件,一般在布局时靠近电源的输入端,要与小电流电路分开,并加上去耦电路。

4. 抑制热干扰

1) 对于发热的元器件,应优先安排在利于散热的位置,一般布置在 PCB 的边缘,必要时可以单独设置散热器或小风扇,以降低温度,减少对邻近元器件的影响。

2) 一些功耗大的集成块、大或中功率管、电阻等元件,要布置在容易散热的地方,并与其他元件隔开一定距离。

3) 热敏元件应紧贴被测元件并远离高温区域,以免受到其他发热元件影响,引起误动作。

4) 双面放置元件时,底层一般不放置发热元件。

5. 提高机械强度

1) 要注意整个 PCB 的重心平衡与稳定,重而大的元件尽量安置在印制板上靠近固定端的位置,并降低重心,以提高机械强度和耐振、耐冲击能力,以及减少印制板的负荷和变形。

2) 重 15 g 以上的元器件,不能只靠焊盘来固定,应当使用支架或卡子加以固定。

3) 为了便于缩小体积或提高机械强度,可设置"辅助底板",将一些笨重的元件,如变压器、继电器等安装在辅助底板上,并利用附件将其固定。

4) 板的最佳形状是矩形,板面尺寸大于 200×150 mm 时,要考虑板所受的机械强度,可以使用机械边框加固。

5) 要在印制板上留出固定支架、定位螺孔和连接插座所用的位置,在布置接插件时,应留有一定的空间使得安装后的插座能方便地与插头连接而不至于影响其他部分。

图 5 – 38 所示为某电路的布局样图。

6. 可调节元件的布局

对于电位器、可变电容器、可调电感线圈或微动开关等可调元件的布局应考虑整机的结构要求,若是机外调节,其位置要与调节旋钮在机箱面板上的位置相适应;若是机内调节,则应放置在印制板上能够方便调节的地方,如图 5 – 39 所示。

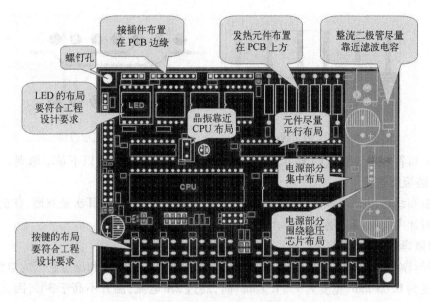

图 5 - 38　PCB 布局样图

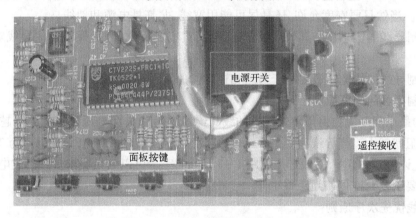

图 5 - 39　某电视面板按键布局图

5.2.2　PCB 布线基本原则

布线和布局是密切相关的两项工作,布局的好坏直接影响着布线的布通率。布线受布局、板层、电路结构、电性能要求等多种因素影响,布线结果又直接影响电路板性能。进行布线时要综合考虑各种因素,才能设计出高质量的 PCB,目前常用的基本布线方法如下。

1) 直接布线。传统的印制板布线方法起源于最早的单面印制线路板。其过程为:先把最关键的一根或几根导线从始点到终点直接布设好,然后把其他次要的导线绕过这些导线布下,通用的技巧是利用元件跨越导线来提高布线效率,布不通的线可以通过顶层短路线解决,如图 5 -40所示。

2) X - Y 坐标布线。X - Y 坐标布线指布设在印制板一面的所有导线都与印制线路板水平边沿平行,而布设在相邻一面的所有导线都与前一面的导线正交,两面导线的连接通过过孔(金属化孔)实现,如图 5 -41 所示。

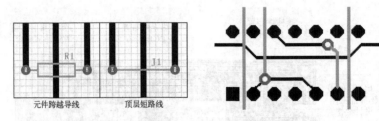

图 5-40 单面板布线处理方法　　　　图 5-41 双面板布线

为了获得符合设计要求的 PCB,在进行 PCB 布线时一般要遵循以下基本原则。

1. 布线板层选用

印制板布线可以采用单面、双面或多层,一般应首先选用单面,其次是双面,在仍不能满足设计要求时才考虑选用多层板。

2. 印制导线宽度原则

1) 印制导线的最小宽度主要由导线与绝缘基板间的粘附强度和流过它们的电流值决定。当铜箔厚度为 0.05 mm、宽度为 1~1.5 mm 时,通过 2A 电流,温升不高于 3℃,因此一般选用导线宽度在 1.5 mm 左右完全可以满足要求,对于集成电路,尤其数字电路通常选 0.2~0.3 mm 就足够。当然只要密度允许,还是尽可能用宽线,尤其是电源和地线。

2) 印制导线的电感量与其长度成正比,与其宽度成反比,因而短而宽的导线对抑制干扰是有利的。

3) 印制导线的线宽一般要小于与之相连焊盘的直径。

3. 印制导线的间距原则

导线的最小间距主要由最坏情况下的线间绝缘电阻和击穿电压决定。导线越短、间距越大,绝缘电阻就越大。当导线间距 1.5 mm 时,其绝缘电阻超过 20 M,允许电压为 300 V;间距 1 mm 时,允许电压 200 V,一般选用间距 1~1.5 mm 完全可以满足要求。对集成电路,尤其数字电路,只要工艺允许可使间距很小。

4. 布线优先次序原则

1) 密度疏松原则:从印制板上连接关系简单的器件着手布线,从连线最疏松的区域开始布线,以调节个人状态。

2) 核心优先原则:例如 DDR、RAM 等核心部分应优先布线,信号传输线应提供专层、电源、地回路,其他次要信号要顾全整体,不能与关键信号相抵触。

3) 关键信号线优先:电源、模拟小信号、高速信号、时钟信号和同步信号等关键信号优先布线。

5. 重要线路布线原则

重要线路包括时钟、复位以及弱信号线等。

1) 用地线将时钟区圈起来,时钟线尽量短;石英晶体振荡器外壳要接地;石英晶体下面以及对噪声敏感的器件下面不要走线。

2) 时钟、总线、片选信号要远离 I/O 线和接插件,时钟发生器尽量靠近使用该时钟的器件。

3) 时钟信号线最容易产生电磁辐射干扰,走线时应与地线回路相靠近,时钟线垂直于I/O线比平行 I/O 线时的干扰小。

4）弱信号电路、低频电路周围不要形成电流环路。

5）模拟电压输入线、参考电压端一定要尽量远离数字电路信号线，特别是时钟信号线。

6. 信号线走线一般原则

1）输入、输出端的导线应尽量避免相邻平行，平行信号线之间要尽量留有较大的间隔，最好加线间地线，起到屏蔽的作用。

2）印制板两面的导线应互相垂直、斜交或弯曲走线，避免平行，以减少寄生耦合。

3）信号线高、低电平悬殊时，要加大导线的间距；在布线密度比较低时，可加粗导线，信号线的间距也可以适当加大。

4）尽量为时钟信号、高频信号、敏感信号等关键信号提供专门的布线层，并保证其最小的回路面积。应采取手工优先布线、屏蔽和加大安全间距等方法，保证信号质量。

7. 地线布设原则

1）一般将公共地线布置在印制板的边缘，便于印制板安装在机架上，也便于与机架地相连接。印制地线与印制板的边缘应留有一定的距离（不小于板厚），这不仅便于安装导轨和进行机械加工，而且还提高了绝缘性能。

2）在印制电路板上应尽可能多地保留铜箔做地线，这样传输特性和屏蔽作用将得到改善，并且起到减少分布电容的作用。地线（公共线）不能设计成闭合回路，在低频电路中一般采用单点接地；在高频电路中应就近接地，而且要采用大面积接地方式。

3）印制板上若装有大电流器件，如继电器、扬声器等，它们的地线最好要分开独立走，以减少地线上的噪声。

4）模拟电路与数字电路的电源、地线应分开排布，这样可以减小模拟电路与数字电路之间的相互干扰。为避免数字电路部分电流通过地线对模拟电路产生干扰，通常采用地线割裂法使各自地线自成回路，然后再分别接到公共的一点地上。如图 5-42 所示，模拟地平面和数字地平面是两个相互独立的地平面，以保证信号的完整性，只在电源入口处通过一个 0Ω 电阻或小电感连接，再与公共地相连。

5）环路最小规则，即信号线与地线回路构成的环面积要尽可能小，环面积越小，对外的辐射越少，接收外界的干扰也越小，如图 5-43 所示。针对这一规则，在地平面分割时，要考虑到地平面与重要信号走线的分布；在双层板设计中，在为电源留下足够空间的情况下，一般将余下的部分用参考地填充，且增加一些必要的过孔，将双面信号有效连接起来，对一些关键信号尽量采用地线隔离。

8. 信号屏蔽原则

1）印制板上的元件若要加屏蔽时，可以在元件外面套上一个屏蔽罩，在底板的另一面对应于元件的位置再罩上一个扁形屏蔽罩（或屏蔽金属板），将这两个屏蔽罩在电气上连接起来并接地，这样就构成了一个近似于完整的屏蔽盒。

2）印制导线如果需要进行屏蔽，在要求不高时，可采用印制导线屏蔽。对于多层板，一般通过电源层和地线层的使用，既解决电源线和地线的布线问题，又可以对信号线进行屏蔽，如图 5-44 所示。

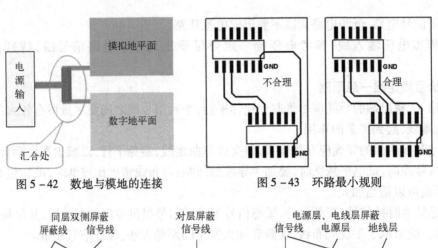

图 5 - 42　数地与模地的连接　　　　图 5 - 43　环路最小规则

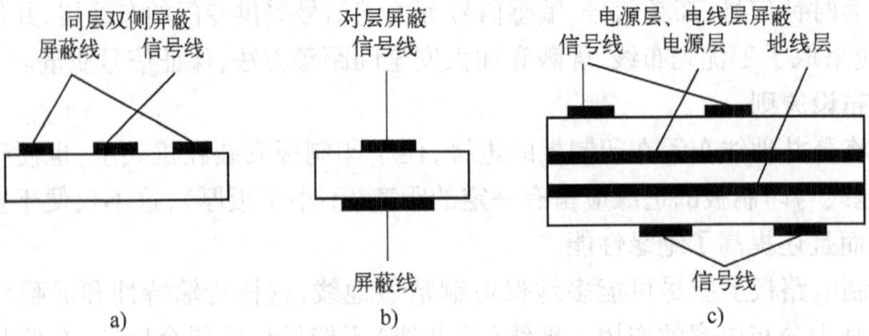

图 5 - 44　印制导线屏蔽方法
a) 单面板　b) 双面板　c) 多层板

3) 对于一些比较重要的信号,如时钟信号,同步信号,或频率特别高的信号,应该考虑采用包络线或覆铜的屏蔽方式,即将所布的线上下左右用地线隔离,而且还要考虑好如何有效地让屏蔽地与实际地平面有效结合,如图 5 - 45 所示。

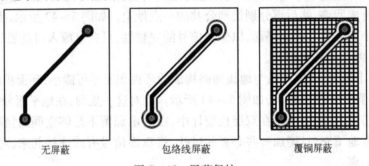

无屏蔽　　　　　包络线屏蔽　　　　覆铜屏蔽

图 5 - 45　屏蔽保护

9. 走线长度控制规则

走线长度控制规则即短线规则,在设计时应该让布线长度尽量短,以减少走线长度带来的干扰问题,如图 5 - 46 所示。

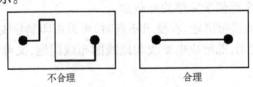

不合理　　　　　　　合理

图 5 - 46　走线长度控制规则

特别是一些重要信号线,如时钟线,务必将其振荡器放在离器件很近的地方。对驱动多个器件的情况,应根据具体情况决定采用何种网络拓扑结构。

10. 倒角规则

PCB 设计中应避免产生锐角和直角,产生不必要的辐射,同时工艺性能也不好。所有线与线的夹角一般应≥135°,如图 5-47 所示。

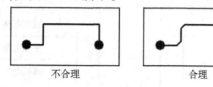

不合理　　　　　　　　合理

图 5-47　倒角规则

11. 去耦电容配置原则

配置去耦电容可以抑制因负载变化而产生的噪声,是印制电路板可靠性设计的一种常规做法,配置原则如下。

1)电源输入端跨接一个 10~100 μF 的电解电容,如果印制电路板的位置允许,采用 100 μF 以上的电解电容的抗干扰效果会更好。

2)为每个集成电路芯片配置一个 0.01 μF 的陶瓷电容。如遇到印制电路板空间小而装不下时,可每 4~10 个芯片配置一个 1~10 μF 钽电解电容。

3)对于抗噪声能力弱、关断时电流变化大的器件和 ROM、RAM 等存储型器件,应在芯片的电源线和地线间直接接入去耦电容。

4)去耦电容的引线不能过长,特别是高频旁路电容。

去耦电容的布局及电源的布线方式将直接影响到整个系统的稳定性,有时甚至关系到设计的成败,一般要合理配置,如图 5-48 所示。

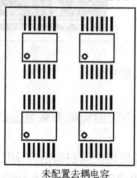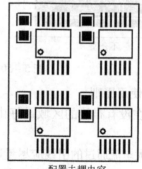

未配置去耦电容　　　　　　　　配置去耦电容

图 5-48　去耦电容配置原则

12. 高频电路布线一般原则

1)高频电路中,集成块应就近安装高频退耦电容,一方面保证电源线不受其他信号干扰,另一方面可将本地产生的干扰就地滤除,防止了干扰通过各种途径(空间或电源线)传播。

2)高频电路布线的引线最好采用直线,如果需要转折,采用 45°折线或圆弧转折,这样可以减少高频信号对外的辐射和相互间的耦合。引脚间的引线越短越好,引线层间的过孔越少越好。

13. 器件布局分区/分层规则

1)为了防止不同工作频率的模块之间的互相干扰,同时尽量缩短高频部分的布线长度,通常将高频部分设在接口部分以减少布线长度,当然这样的布局也要考虑到低频信号可能受到的干扰,同时还要考虑到高/低频部分地平面的分割问题,通常采用将二者的地分割,再在接口处单点相接。

2) 对于模数混合电路,在多层板也有将模拟与数字电路分别布置在印制板的两面,分别使用不同的层布线,中间用地层隔离的方式。

器件布局分区如图5-49所示。

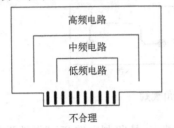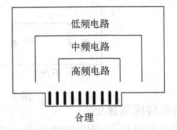

图 5-49　器件布局分区

14. 孤立铜区控制规则

孤立铜区也叫铜岛,它的出现,将带来一些不可预知的问题,因此将孤立铜区与别的信号相连,有助于改善信号质量。通常是将孤立铜区接地或删除。在实际的制作中,PCB厂家将一些板的空置部分增加了一些铜箔,这主要是为了方便印制板加工,同时对防止印制板翘曲也有一定的作用。弧铜处理如图5-50所示。

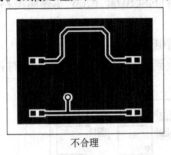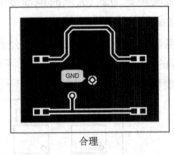

图 5-50　弧铜处理

15. 大面积铜箔使用原则

在PCB设计中,在没有布线的区域最好由一个大的接地面来覆盖的,以此提供屏蔽和增加去耦能力。

发热元件周围或大电流通过的引线应尽量避免使用大面积铜箔,否则,长时间受热时,易发生铜箔膨胀和脱落现象。必须用大面积铜箔时,最好用栅格状,这样有利于铜箔与基板间粘合剂因受热产生的挥发性气体排出,如图5-51所示,大面积铜箔上的焊盘连接如图5-52所示。

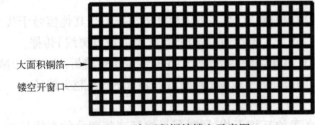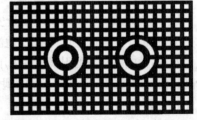

图 5-51　大面积铜箔镂空示意图　　　图 5-52　大面积铜箔上的焊盘处理

5.3 PCB 元件设计

PCB 元件是 PCB 设计的必要元素,通常习惯将 PCB 元件称为元件的封装形式(Footprint),简称为封装形式或封装。PCB 封装实际上就是由元件外观和元件引脚组成的图形,它们大致都是由两部分组成:外形轮廓和元件引脚,仅仅是空间的概念。外形轮廓在 PCB 上是以丝网的形式体现,元件引脚在 PCB 上是以焊盘的形式体现。因此,各引脚的间距就决定了该元件相应焊盘的间距,这与原理图元件图形的引脚是不同的。例如:一个 1/8W 的电阻与一个 1W 的电阻在原理图中的元件图形是没有区别的,而其在 PCB 中元件却有外形轮廓的大小和焊盘间距的大小之分。

设计印制电路板需要用到元件的封装,虽然 Protel DXP 2004 SP2 中提供了大量的元件集成库和元件封装库,但随着电子技术的迅速发展,新型元器件层出不穷,不可能由元件库全部包容,这就需要用户自己设计元件的封装。

5.3.1 认知元件封装形式

1. 绘制元件封装的准备工作

在开始绘制封装之前,首先要做的准备工作是收集元器件的封装信息。

封装信息主要来源于元器件生产厂家提供的用户手册。如果没有所需元器件的用户手册,可以上网查找元器件信息,一般通过访问该元器件的厂商或供应商网站可以获得相应信息。在查找中也可以通过搜索引擎进行,如 www. baidu. com 或 www. 21ic. com 等。

如果有些元件找不到相关资料,则只能依靠实际测量,一般要配备游标卡尺,测量时要准确,特别是集成块的引脚间距。标准的元件封装的轮廓设计和引脚焊盘间的位置关系必须严格按照实际的元件尺寸进行设计的,否则在装配电路板时可能因焊盘间距不正确而导致元器件不能安装到电路板上,或者因为外形尺寸不正确,而使元件之间发生相互干涉。若元件的外形轮廓画得太大,浪费了 PCB 的空间;若画得太小,元件则可能无法安装。

2. 常用元件及其封装形式

电子元件种类繁多,对应的封装形式复杂多样。对于同种元件可以有多种不同的封装形式,不同的元件也可以采用相同的封装形式,因此在选用封装时要根据 PCB 的要求和元件的实际情况进行选择。

(1) 固定电阻

固定电阻的封装尺寸主要决定于其额定功率及工作电压等级,这两项指标的数值越大,电阻的体积就越大,电阻常见的封装有通孔式和贴片式两类,如图 5 – 53 所示。

在 Protel 2004 中,通孔式的电阻封装常用 AXIAL – 0.3 ~ AXIAL – 1.0,贴片式电阻封装常用 CR1005 – 0402 ~ CR6332 – 2512。

(2) 二极管

常见的二极管的尺寸大小主要取决于额定电流和额定电压,从微小的贴片式、玻璃封装、塑料封装到大功率的金属封装,尺寸相差很大,如图 5 – 54 所示。

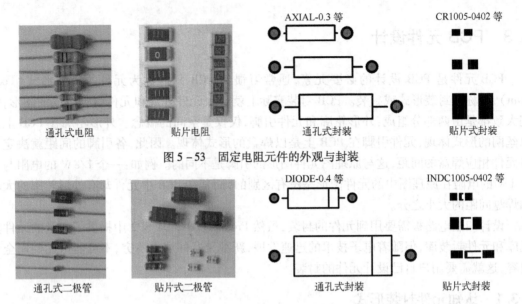

图 5 – 53　固定电阻元件的外观与封装

图 5 – 54　二极管的外观与封装

在 Protel 2004 中,通孔式的二极管封装常用 DIODE – 0.4、DIODE – 0.7,贴片式二极管封装常用 INDC1005 – 0402 ~ INDC4510 – 1804。

（3）发光二极管与 LED 七段数码管

发光二极管与 LED 数码管主要用于状态显示和数码显示,它们的封装差别较大,Protel 2004 中提供了大量的封装,如不能符合需求,则要自行设计,常用外观如图 5 – 55 所示。

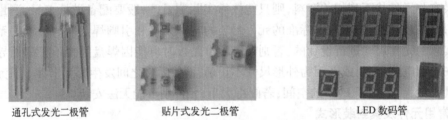

图 5 – 55　发光二极管和 LED 数码管的外观

在 Protel 2004 中,通孔式的发光二极管封装常用 LED – 0、LED – 1,贴片式发光二极管封装常用 SMD_LED、DSO – C2/D5.6 ~ DSO – F4/E3.2 等;数码管的封装常用 LEDDIP – 10(140 ~ LEDDIP – 9(10)/C7.62 等,如图 5 – 56 所示。

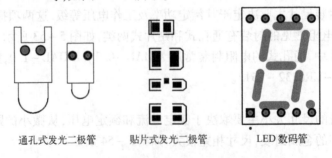

图 5 – 56　发光二极管和 LED 数码管的常用封装

（4）电容

电容主要参数为容量及耐压,对于同类电容而言,体积随着容量和耐压的增大而增大,常见的外观为圆柱形、扁平形和方形,常用的封装有通孔式和贴片式,电容的外观如图 5 – 57 所示。

通孔式电容

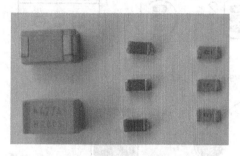
贴片式钽电容和无极性电容

贴片式电解电容

图 5 – 57　电容的外观

在 Protel DXP 2004 SP2 中,通孔式的圆柱形极性电容封装常用 RB7.6 – 15、CAPPR1.27 – 1.78 × 4.06 ~ CAPPR7.5 – 18 × 9.8,方形形极性电容封装常用 CAPPA14.05 – 10.5 × 6.3 ~ CAPPA57.3 – 51 × 30.5,圆柱形无极性电容封装常用 RB7 – 10.5、CAPNR2 – 5 × 11 ~ CAP-NR7.5 – 18 × 35.5,无极性方形电容封装常用 RAD – 0.1 ~ RAD – 0.4;贴片式电容封装常用 CC1405 – 0402 ~ CC7238 – 2815 等,如图 5 – 58 所示。（图中 * 代表字母或数字,下同）

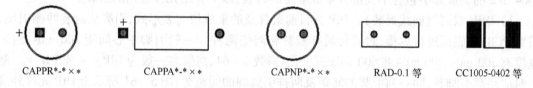
CAPPR*-*××　　　CAPPA*-*××　　　CAPNP*-*××　　　RAD-0.1 等　　　CC1005-0402 等

图 5 – 58　电容的常用封装

（5）三极管/场效应管/晶闸管

三极管/场效应管/晶闸管同属于三引脚晶体管,外形尺寸与器件的额定功率、耐压等级及工作电流有关,常用的封装有通孔式和贴片式,常见外观如图 5 – 59 所示。

图 5 – 59　三极管/场效应管/晶闸管的外观

在 Protel DXP 2004 SP2 中,通孔式的三极管/场效应管/晶闸管封装常用 BCY – W3/ * 、TO – 92、TO – 39、TO – 18、TO – 52、TO – 220、TO – 3;贴片式封装常用 SOT * 、SO – F * / * 、SO – G3/ * 、TO – 263、TO – 252、TO – 368 等,如图 5 – 60 所示。

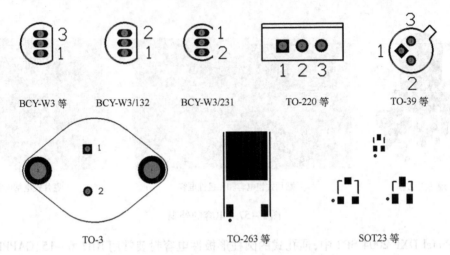

图 5 – 60　三极管/场效应管/晶闸管的常用封装

(6) 集成电路

集成电路是线路设计中常用的一类元件,品种丰富、封装形式也多种多样。在 Protel DXP 2004 SP2 的集成库中包含了大部分集成电路的封装,以下介绍几种常用的封装。

1) DIP(双列直插式封装)。DIP 为目前最普及的集成块封装形式,引脚从封装两侧引出,贯穿 PCB,在底层进行焊接,封装材料有塑料和陶瓷两种。一般引脚中心间距 100 mils,封装宽度有 300 mils、400 mils 和 600 mils 三种,引脚数 4 ~ 64,封装名一般为 DIP – * 或 DIP * 。制作时应注意引脚数、同一列引脚的间距及两排引脚间的间距等,图 5 – 61 所示为 DIP 元件外观和封装图。

图 5 – 61　DIP 元件外观与常用封装

2) SIP(单列直插式封装)。SIP 封装的引脚从封装的一侧引出,排列成一条直线,一般引脚中心间距 100 mils,引脚数 2 ~ 23,封装名一般为 SIP – * 或 SIP * ,图 5 – 62 所示为 SIP 元件外观和封装图。

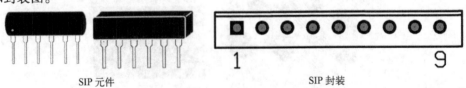

图 5 – 62　SIP 元件外观与常用封装

3）SOP（双列小贴片封装，也称 SOIC）。SOP 是一种贴片的双列封装形式，引脚从封装两侧引出，呈 L 字形，封装名一般为 SOP－*、SOIC*。几乎每一种 DIP 封装的芯片均有对应的 SOP 封装，与 DIP 封装相比，SOP 封装的芯片体积大大减少，图 5－63 所示为 SOP 元件外观与封装图。

SOP 元件   SOP 封装

图 5－63　SOP 元件外观与常用封装

4）PGA（引脚栅格阵列封装）、SPGA（错列引脚栅格阵列封装）。PGA 是一种传统的封装形式，其引脚从芯片底部垂直引出，且整齐地分布在芯片四周，早期的 80X86CPU 均是这种封装形式。SPGA 与 PGA 封装相似，区别在于其引脚排列方式为错开排列，利于引脚出线，封装名一般为 PGA*，图 5－64 所示为 PGA 元件外观及 PGA、SPGA 封装图。

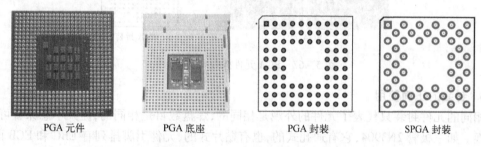

PGA 元件   PGA 底座   PGA 封装   SPGA 封装

图 5－64　PGA 元件外观与常用封装

5）PLCC（无引出脚芯片封装）。PLCC 是一种贴片式封装，这种封装的芯片的引脚在芯片的底部向内弯曲，紧贴于芯片体，从芯片顶部看下去，几乎看不到引脚，如图 5－65 所示，封装名一般为 PLCC*。

这种封装方式节省了制板空间，但焊接困难，需要采用回流焊工艺，要使用专用设备。

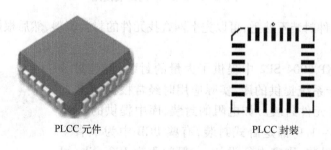

PLCC 元件   PLCC 封装

图 5－65　PLCC 元件外观与常用封装

6) QUAD(方形贴片封装)。QUAD 为方形贴片封装,与 LCC 封装类似,但其引脚没有向内弯曲,而是向外伸展,焊接比较方便。封装主要包括 PQFP＊、TQFP＊ 及 CQFP＊ 等,如图 5-66 所示。

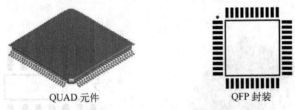

QUAD 元件　　　　　　QFP 封装

图 5-66　QUAD 元件外观与常用封装

7) BGA(球形栅格阵列封装)。BGA 为球形栅格阵列封装,与 PGA 类似,主要区别在于这种封装中的引脚只是一个焊锡球状,焊接时熔化在焊盘上,无需打孔,如图 5-67 所示。同类型封装还有 SBGA,与 BGA 的区别在于其引脚排列方式为错开排列,利于引脚出线。BGA 封装主要包括 BGA＊、FBGA＊、E-BGA＊、S-BGA＊ 及 R-BGA＊ 等。

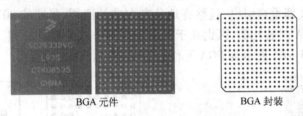

BGA 元件　　　　　　　BGA 封装

图 5-67　BGA 元件外观与常用封装

3. 封装的正确使用

相同的元件封装只代表了元件的外观是相同的,焊盘数目是相同的,但并不意味着可以简单互换。如三极管 2N3904,它有通孔式的,也有贴片式的,元件引脚排列有 EBC 和 ECB 两种,显然在 PCB 设计时,必须根据使用元件的管型选择所用的封装类型,否则会出现引脚错误问题,如图 5-68 所示。

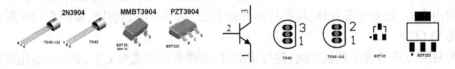

图 5-68　2N3904 的封装使用

一般如果对元件封装不熟悉,可以先上网查找元件的封装资料,然后根据实际元件再确定具体的封装应用。

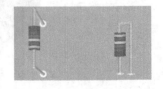

图 5-69　电阻卧、立式放置

虽然 Protel DXP 2004 SP2 中提供了大量的封装,但是封装的选用不能局限于系统提供的库,实际应用时经常根据 PCB 的具体要求自行设计元件封装。如电阻的封装,库中提供的 AXI-AL-0.3～AXIAL-1.0 都是卧式封装,有些 PCB 中为节省空间,可以采用立式封装,则需自行设计,一般间距为 100 mils,可命名为 AXIAL-0.1。卧式和立式元件如图 5-69 所示。

封装形式的制作或修改都是为适应实际元件或装配服务的,在进行设计前必须了解使用元件的实际情况和装配方案。

5.3.2 创建 PCB 元件库

进入 Protel DXP 2004 SP2,建立 PCB 项目文件,执行菜单"文件"→"创建"→"库"→"PCB库",打开 PCB 库编辑窗口,如图 5 - 70 所示,图中的工作区面板中自动生成一个名为"PcbLib1. PcbLib"的元件封装库。

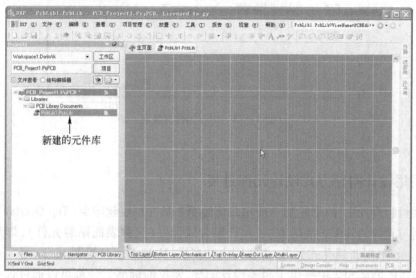

图 5 - 70　PCB 库编辑窗口

在图 5 - 70 中,单击工作区面板的"PCB Library"标签,打开"PCB Library"元件库管理窗口,如图 5 - 71 所示,图中显示系统已经自动新建了一个名为 PCBCOMPONENT_1 的元件。图 5 - 72所示为系统自带的 Miscellaneous Devices PCB. PcbLib 库的信息。

图 5 - 71　元件库管理窗口

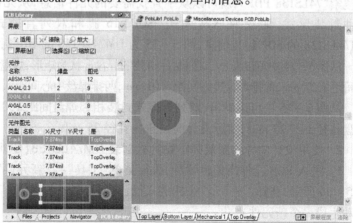

图 5 - 72　元件信息

图 5 - 72 中,在"元件"栏中显示的是封装名(如 AXIAL - 0.4)、焊盘数量(如 2)和组成该封装的图元总数(如 8),选中元件,在工作区和元件库管理器下方的浏览窗口中将显示该元件的封装图形,图中显示的是电阻 AXIAL - 0.4 的封装图形。

在"元件图元"栏中显示的是图元的类型（如 Track，线段）、X 尺寸、Y 尺寸和图元所在层（如 Top Overlay，顶层丝网层），选中图元后，在工作窗口中将高亮显示该图元。

在图 5-71 中，执行菜单"工具"→"元件属性"，屏幕弹出"PCB 库元件"属性对话框，可以修改元件封装的名称，如图 5-73 所示。

图 5-73　更改元件封装名

5.3.3　采用设计向导方式设计元件封装

在元件封装设计中，外形轮廓一般用几何绘图工具在顶层丝印层（Top Overlay）绘制，元件引脚焊盘则与元件的装配方法的有关，对于贴片式元件（又称表面贴装元件），焊盘应在顶层（Top Layer）绘制，对于通孔式元件，焊盘则应在多层（Multi Layer）绘制。

Protel DXP 2004 SP2 中提供了封装设计向导，常见的标准封装都可以通过这个工具来设计。下面以设计集成电路 DM74LS138 的封装为例，介绍采用设计向导制作封装的方式。

1. 查找 DM74LS138 的封装信息

元件封装信息可以通过元件手册查找，也可以通过互联网进行搜索，如在 www. baidu. com 中搜索"74LS138 PDF"，就可以从中查找需要的元件信息，从元件信息中可以看出，该元件有两种封装形式，即双列小贴片式（SOP）16 脚和双列直插式（DIP）16 脚，图 5-74 为 DM74LS138 的 SOP 封装信息，图 5-75 为 DM74LS138 的 DIP 封装信息。

从图 5-74 中可以看出，双列贴片封装的焊盘形状为矩形，焊盘尺寸 2. 13 mm×0. 6 mm，相邻焊盘间距 1. 27 mm，两排焊盘边缘间距 5. 01 mm，两排焊盘中心间距 5. 01 +2. 13 =7. 14 mm。

从图 5-75 中可以看出，双列直插式封装相邻焊盘间距 100 mils，两排焊盘间距 300 mils，焊盘孔径 14 ~23 mils，实际设计时可选择孔径 25 mils。

2. 使用设计向导绘制双列小贴片式封装 DM74LS138（SOP16）

1）进入 PCB 元件库编辑器后，执行菜单"工具"→"新元件"，屏幕弹出元件设计向导，如图 5-76 所示，选择"下一步"按钮进入设计向导（若选择"取消"按钮则进入手工设计状态，并自动生成一个新元件）。

2）单击"下一步"按钮，进入元件设计向导，屏幕弹出图 5-77 所示的对话框，用于选择元件封装类型，共有 12 种供选择，包括电阻、电容、二极管、连接器及集成电路常用封装等，图中选中的为双列小贴片式元件 SOP，"选择单位"的下拉列表框用于设置单位制，图中设置为 Metric（公制，单位 mm）。

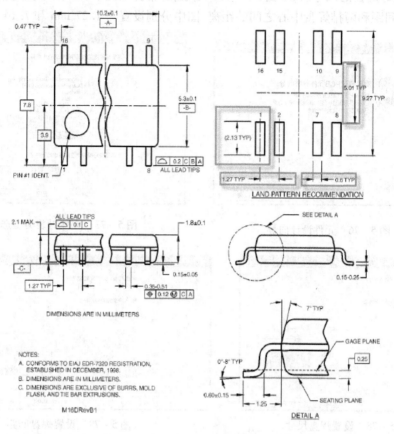

图 5 – 74　DM74LS138 的 SOP 封装信息

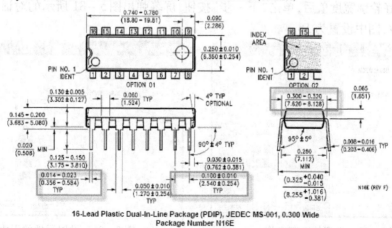

图 5 – 75　DM74LS138 的 DIP 封装信息

3）选中元件封装类型后，单击"下一步"按钮，屏幕弹出图 5 – 78 所示的对话框，用于设定焊盘的尺寸，修改焊盘尺寸为 2.13 mm × 0.6 mm。

4）定义好焊盘的尺寸后，单击"下一步"按钮，屏幕弹出图5-79所示的对话框，用于设置相邻焊盘的间距和两排焊盘中心之间的距离，图中分别设置为1.27 mm和7.14 mm。

图5-76　元件设计向导

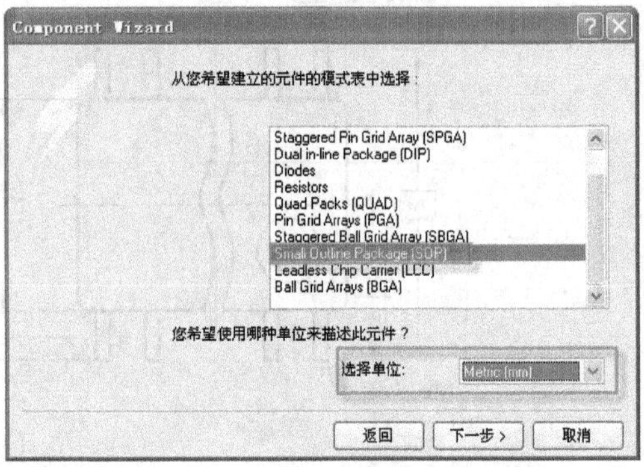

图5-77　元件封装类型选择

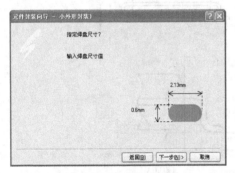

图5-78　设置焊盘尺寸

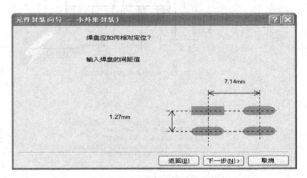

图5-79　设置焊盘间距

5）定义好焊盘间距后，单击"下一步"按钮，屏幕弹出图5-80所示的对话框，用于设置元件轮廓宽度值，图中设置为0.2 mm。

6）定义好轮廓宽度值后，单击"下一步"按钮，屏幕弹出图5-81所示的对话框，用于设置元件的引脚数，图中设置为16。

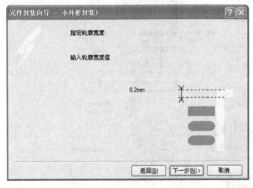

图5-80　设置轮廓宽度值

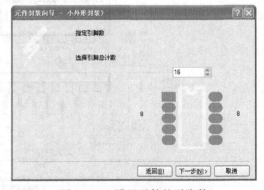

图5-81　设置元件的引脚数

7）定义引脚数后，单击"下一步"按钮，屏幕弹出图5-82所示的对话框，用于设置元件封装名，图中设置为DM74LS138（SOP16）。名称设置完毕，单击"Next"按钮，屏幕弹出设计结束对话框，单击"Finish"按钮结束元件设计，屏幕显示设计好的元件，如图5-83所示。

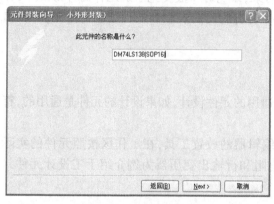

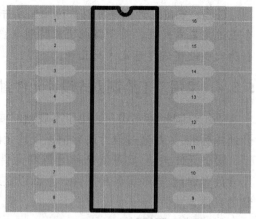

图 5 – 82　设置元件名称　　　　　　　图 5 – 83　设计好的 SOP 封装

图 5 – 83 中的引脚 1 的焊盘为矩形,其他焊盘为圆矩形,便于装配时把握贴装的方向。

有些芯片在制作封装时焊盘全部用矩形,为了分辨引脚 1 的焊盘,要在顶层丝印层上为引脚 1 做标记,一般在其边上打点,如图 5 – 84 所示。

3.　使用设计向导绘制双列直插式封装 DM74LS138(DIP16)

采用设计向导绘制双列直插式封装 DM74LS138(DIP16)的方法与 SOP 封装基本相似。

1)进入设计向导后,在图 5 – 77 所示的封装类型选择中选择"Dual in – Line Package(DIP)"基本封装。在"选择单位"下拉列表框中设置单位制为 Imperial(英制,单位 mil)。

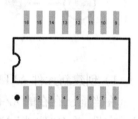

图 5 – 84　封装 SOP16

2)选中元件封装类型后,单击"下一步"按钮,屏幕弹出图 5 – 85所示的对话框,用于设定焊盘的尺寸和孔径,设置焊盘尺寸为 100 mil ×50 mil,孔径为 25 mil。

3)定义好焊盘的尺寸后,单击"下一步"按钮,屏幕弹出"焊盘间距设置"对话框,用于设置相邻焊盘的间距和两排焊盘中心之间的距离,分别设置为 100 mil 和 300 mil;设置完毕单击"下一步"按钮,屏幕弹出"轮廓宽度值设置"对话框,设置轮廓宽度为 10mil;定义好轮廓宽度值后,单击"下一步"按钮,屏幕弹出"元件的引脚数设置"对话框,设置引脚数为 16。

4)定义引脚数后,单击"下一步"按钮,屏幕弹出"元件封装名设置"对话框,设置元件封装名为 DM74LS138(DIP16),名称设置完毕,单击"Next"按钮,屏幕弹出设计结束对话框,单击"Finish"按钮结束元件设计,屏幕显示刚设计好的元件,如图 5 – 86 所示。

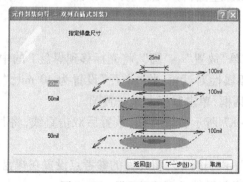

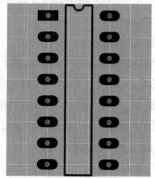

图 5 – 85　设置焊盘尺寸　　　　　　图 5 – 86　设计好的 DIP 封装

注意：采用设计向导可以快速绘制元件的封装,绘制时一般要先了解元件的外形尺寸,并合理选用基本封装。对于集成块应特别注意元件的引脚间距和相邻两排引脚的间距,并根据引脚大小设置好焊盘尺寸及孔径。

5.3.4 采用手工绘制方式设计元件封装

手工绘制封装方式一般用于不规则的或不通用的元件设计,如果设计的元件是通用的,符合通用标准,大都通过设计向导快速设计元件。

设计元件封装,实际就是利用 PCB 元件库编辑器的放置工具,在工作区按照元件的实际尺寸放置焊盘、连线等各种图件。下面以立式电阻和行输出变压器为例介绍手工设计元件封装的具体方法。

1. 立式电阻设计

设计要求:采用通孔式设计,封装名称 AXIAL - 0.1,焊盘间距 160 mil,焊盘形状与尺寸为圆形 60 mil,焊盘孔径 30 mil,元件封装设计过程如图 5 - 87 所示。

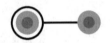 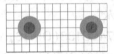  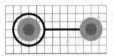

图 5 - 87 立式电阻设计过程

1) 创建新元件 AXIAL - 0.1。

在当前已存在的元件库下,执行菜单"工具"→"新元件",屏幕弹出图 5 - 76 所示的元件设计向导,单击"取消"按钮进入手工设计状态,系统自动创建一个名为 PCBCOMPONENT_1 的新元件。

执行菜单"工具"→"元件属性",在弹出的对话框中将"名称"修改为 AXIAL - 0.1。

2) 执行菜单"工具"→"库选择项"设置文档参数,将"单位"设置为 Imperial,将可视网格的网格 1 设置为 5 mil、网格 2 设置为 20 mil,将捕获栅格的 X、Y 均设置为 5 mil。

3) 执行菜单"编辑"→"跳转到"→"参考",将光标跳回原点(0,0)。

4) 放置焊盘。

执行菜单"放置"→"焊盘",按下〈Tab〉键,弹出焊盘属性对话框,将"X 尺寸"和"Y 尺寸"设置为 60 mil,"孔径"设置为 30 mil,焊盘的"标识符"设置为 1,其他默认,单击"确认"按钮退出对话框,将光标移动到坐标原点,单击鼠标左键,将焊盘 1 放下,如图 5 - 87 所示,以 160 mil 为间距放置焊盘 2。

5) 绘制元件轮廓。

将工作层切换到 Top Overlay,执行菜单"放置"→"圆",将光标移到焊盘 1 的中心,单击鼠标左键确定圆心,按下〈Tab〉键,弹出圆弧属性对话框,将"半径"设置为 40 mil,"宽"设置为 5 mil,其他默认,单击"确认"按钮退出对话框,单击鼠标左键放置圆。

执行菜单"放置"→"直线",按图 5 - 87 所示放置直线,放置后双击直线,将其"宽"设置为 5 mil,至此元件轮廓设计完毕。

6) 执行菜单"编辑"→"设置参考点"→"引脚 1",将元件的参考点设置在焊盘 1。

7) 执行菜单"文件"→"保存",保存当前元件。

2. 行输出变压器封装设计

行输出变压器是 CRT 电视中的重要部件,它的参数各不相同,元件封装设计时采用游标卡尺进行测量。

图 5-88 所示为黑白小电视中的行输出变压器。该变压器共 10 个引脚,处于同一个圆弧上,圆的直径为 24 mm,每个引脚之间的角度为 30°引脚焊盘直径为 2 mm,孔径为 1.2 mm,焊盘编号逆时针依次为 1~10,另有固定用焊盘一个,焊盘直径为 2.5 mm,孔径为 1.8 mm,焊盘编号为 0。

1)采用与前面相同的方法创建新元件 FBT。

2)执行菜单"工具"→"库选择项",屏幕弹出"PCB 板选择项"对话框,设置文档参数,将"单位"设置为 metric(公制),将可视网格的网格 1 设置为 1 mm、网格 2 设置为 3 mm,将捕获栅格的 X、Y 均设置为 0.25 mm。

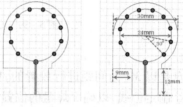

图 5-88　行输出变压器外观与封装尺寸

3)设置坐标原点标记为显示状态。执行菜单"工具"→"优先设定",在弹出的对话框中选择"Display"选项,选中"原点标记"复选框。

4)执行菜单"编辑"→"跳转到"→"参考",将光标跳回原点(0,0)。

5)绘制元件轮廓。

① 绘制焊盘所在的圆。将工作层切换到 Top Overlay,执行菜单"放置"→"圆",将光标移到原点,单击鼠标左键确定圆心,按下〈Tab〉键,弹出圆弧属性对话框,将"半径"设置为 12 mm,"宽"设置为 0.2 mm,其他默认,单击"确认"按钮退出对话框,单击鼠标左键放置圆。

② 绘制元件轮廓的圆弧。执行菜单"放置"→"圆",将光标移到原点,单击鼠标左键确定圆心,移动鼠标任意确定圆的大小,单击鼠标左键放置圆,单击鼠标右键退出放置状态。双击该圆弧,屏幕弹出圆弧属性对话框,设置"半径"为 15 mm,"起始角"为 -60.000,"结束角"为 180.000,如图 5-89 所示,设置完毕,单击"确认"按钮退出,修改后的元件轮廓如图 5-90 所示。

图 5-89　圆弧设置　　　　　　　　图 5-90　封装 FBT 的轮廓

③ 执行菜单"放置"→"直线",按下〈Tab〉键,弹出导线属性对话框,将"宽"设置为 0.2 mm,根据图 5 - 88 所示放置直线,放置后的效果如图 5 - 91 所示。

④ 执行"放置"→"矩形填充",根据图 5 - 88 所示放置填充区,放置后的效果如图 5 - 91 所示,至此元件轮廓设计完毕。

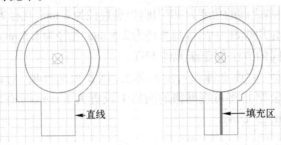

图 5 - 91　轮廓绘制

6) 放置焊盘。

本例中的焊盘是以 30° 为间距进行放置的,如果定位不准确,将影响到元件的装配,故在放置焊盘前要先绘制定位线,以确定焊盘的位置。放置焊盘的过程图如图 5 - 92 所示。

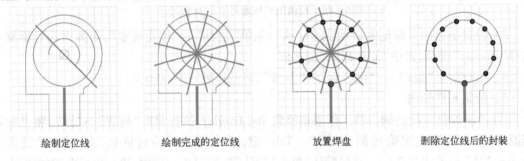

绘制定位线　　　　绘制完成的定位线　　　　放置焊盘　　　　删除定位线后的封装

图 5 - 92　放置焊盘过程图

① 放置焊盘定位线。

执行菜单"放置"→"圆",将光标移到原点,单击鼠标左键确定圆心,移动鼠标任意确定圆的大小,单击鼠标左键放置圆,单击鼠标右键退出放置状态。双击该圆弧,屏幕弹出圆弧属性对话框,设置"起始角"为 - 45.000,"结束角"为 180.000,设置完毕,单击"确认"按钮退出,沿着 - 45° 的圆弧和圆心绘制定位直线与焊盘所在圆相交,如图 5 - 92 所示。

依次编辑圆弧的"起始角"为 - 15.000、15.000、45.000、75.000、105.000,分别绘制相应的定位直线,如图 5 - 92 所示。

② 执行菜单"放置"→"焊盘",按下〈Tab〉键,弹出焊盘属性对话框,将"X 尺寸"和"Y 尺寸"设置为 2 mm,"孔径"设置为 1.2 mm,焊盘的"标识符"设置为 1,其他默认,单击"确认"按钮退出对话框,将光标移动到右角的 - 45° 交点处,逆时针依次放置焊盘 1 ~ 10。在圆弧正下方交叉位置放置固定用焊盘,"X 尺寸"和"Y 尺寸"设置为 2.5 mm,"孔径"设置为 1.8 mm,焊盘的"标识符"设置为 0,如图 5 - 92 所示。

③ 删除定位线,至此元件封装图形设计完毕,如图 5 - 92 所示。

7) 执行菜单"编辑"→"设置参考点"→"引脚 1",将元件的参考点设置在焊盘 1。

8）执行菜单"文件"→"保存"，保存当前元件。

注意：在封装设计中要保证焊盘编号顺序与元件的引脚顺序一致。

5.3.5 元件封装编辑

元件封装编辑，就是对已有元件封装的属性进行修改，使之符合实际应用要求。

1. 底层元件的修改

在双面以上的 PCB 设计中，有时需要在底层放置贴片元件，而在元件封装库中贴片元件默认的焊盘层为 Top Layer，丝印层为 Top overlay，显然与底层放置的不符，此时可以通过编辑元件封装，将焊盘层设置为 Bottom Layer，丝印层设置为 Bottom Overlay 即可。

在 PCB 设计窗口中双击要编辑的元件封装，屏幕弹出图 5-93 所示的封装属性对话框，在"元件属性"栏中设置"层"为 Bottom Layer，设置完毕，单击"确认"按钮，系统将自动将元件的丝印层更改为 Bottom Overlay。

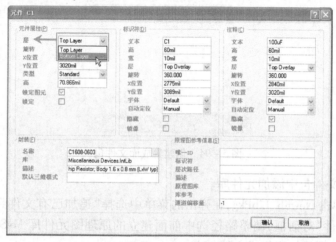

图 5-93 元件封装属性编辑对话框

2. 直接在 PCB 图中修改元件封装的焊盘编号

在 PCB 设计中如果某些元件的原理图中的引脚号和印制板中的焊盘编号不同，在自动布局时，这些元件的网络飞线会丢失或出错，此时可以通过直接编辑焊盘属性的方式，修改焊盘的编号来达到管脚匹配的目的。

编辑元件封装的焊盘可以直接双击元件焊盘，在弹出的焊盘属性对话框中修改焊盘编号。

5.3.6 创建集成元件库

集成元件库中包括了元件的各种模型，如元件的符号模型、PCB 封装模型、仿真模型及信号完整性分析模型等。集成库的管理模式给元件库的加载、网络表的导入及原理图与 PCB 之间的同步更新带来了方便。

1. 准备原理图库和 PCB 库

集成元件库中需要包含元件的原理图符号和 PCB 封装符号，所以必须有相应的元件库作为数据源来生成集成电路元件库。

在创建集成元件库前必须先设计好原理图元件库和 PCB 元件库，本例中采用第 3 章中建立的原理图元件库 MySchlib1. SCHLIB 和上节中建立的 PCB 元件库 Pcblib1. Pcblib 来创建集成元件库。

2. 创建集成元件库

1）创建集成库文件包。

执行菜单"文件"→"创建"→"项目"→"集成元件库"，系统自动新建一个集成库文件包"Integrated_Library. LibPkg"，如图 5 – 94 所示。此处文件扩展名为 . LibPkg，属于未编译的集成库文件包，该文件包经过编译后即可产生集成库，扩展名为 . InLib。

在"Projects"面板中，用鼠标右键单击 Integrated_Library. LibPkg，在弹出的菜单中选择"保存项目"子菜单，将文件名保存为"Newlib. LibPkg"。

图 5 – 94　创建集成库文件包

2）向集成库文件包中添加元件库。

用鼠标右键单击 Newlib. LibPkg，在弹出的菜单中选择"追加已有文件到项目中"子菜单，系统弹出"选择文件"对话框，调整路径选中前面建立的原理图元件库 MySchlib1. SCHLIB，单击"打开"按钮将该库添加到集成文件包中。

采用同样的方法添加 PCB 元件库 Pcblib1. Pcblib 至集成文件包中，由于"选择文件"对话框中默认的是打开原理图库文件，所以需将"文件类型"设置为"PCB library（ * . pcblib；* . lib）"才能显示和添加 PCB 元件库，添加后的集成库文件包如图 5 – 95 所示。

图 5 – 95　添加库后的集成库文件包

3. 添加元件模型

本例以添加 DM74LS138 的元件封装模型为例进行介绍，不涉及元件的其他模型。

1) 双击打开刚才添加的原理图元件库 MySchlib1. SCHLIB，单击工作区面板下方的标签 "SCH Library"，打开 SCH Library 面板，此时面板中将显示该元件库中所有元件符号模型及其相关信息，如图 5 - 96 所示。

2) 选中元件 DM74LS138，在图中单击"模型"区的"追加"按钮，屏幕弹出"添加新的模型"对话框，选择"模型类型"为 Footprint，单击"确认"按钮追加元件模型，屏幕弹出"PCB 模型"对话框，如图 5 - 97 所示。

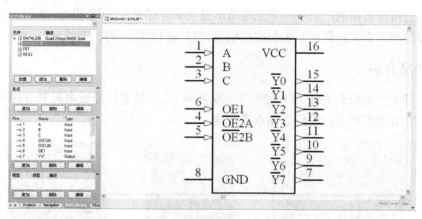

图 5 - 96　SCH Library 面板

3) 如果用户知道元件对应的封装模型，可以直接在图 5 - 97 中的"名称"栏内填写元件封装的名称。通常情况下，可以单击"浏览"按钮，屏幕弹出图 5 - 98 所示的"库浏览"对话框，从中选择封装，选中封装后单击"确认"按钮添加封装。

本例中元件封装可用 DIP 封装 DM74LS138（DIP16），也可用 SOP 封装 DM74LS138（SOP16），所以封装要添加两次。

设置完毕，在图 5 - 96 的模型区中将显示上述两个封装信息。

图 5 - 97　PCB 模型对话框

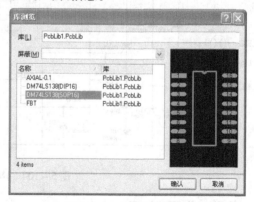

图 5 - 98　库浏览对话框

4) 按照同样方法设置好其他元件的封装。

4. 生成集成元件库

元件的封装信息设置完毕，便可以通过编译生成集成元件库。

执行菜单"项目管理"→"Compile Integrated Library Newlib. LibPkg",屏幕弹出一个对话框提示是否保存所有新的或已修改过的原理图库文件,单击"OK"按钮确认保存,系统自动编译集成元件包,如有错误将会提示错误信息。

编译结束,系统将自动激活"元件库"面板,可以在该面板中看到编译后的集成库文件 Newlib. IntLIB 的信息。

5.4 低频 PCB——声光控节电开关 PCB 设计

本节通过市面常用的产品——声光控节电开关来介绍低频 PCB 设计,采用的设计方法是通过原理图的网络表文件调用封装和连线信息,然后进行手工布局、布线。

5.4.1 产品介绍

声光控开关的面板和内部 PCB 如图 5-99 所示,该产品通过光敏电阻和驻极体送话器来控制开关只在晚上有声音的时候自动点亮灯泡。

图 5-99 声光控开关面板和 PCB 图

电路原理图如图 5-100 所示。

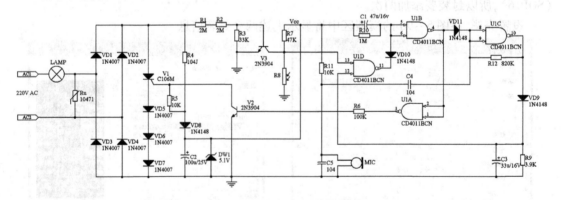

图 5-100 声光控开关原理图

电路工作原理如下。

VD1~VD4 构成桥式整流电路,R4、VD8、DW1、C2 组成稳压二极管稳压电路产生 5 V 直流电压给控制电路供电。

1)在白天,光线强,光敏电阻 R8 阻值小,V3 工作于饱和状态,U1D 的 13 脚为低电平,

U1D 输出高电平,VD10 截止,U1B 的 5、6 脚为高电平,故 4 脚输出低电平,U1A 的 3 脚输出高电平,V2 饱和,晶闸管 V1 的 G 极为低电平,V1 截止,灯不亮。

2) 晚上无声音,光敏 R8 阻值增大,V3 退出饱和,U1D 的 13 脚为高电平,该门的输出由 12 脚的电平控制。无声音,MIC 内阻大,U1C 的 8、9 脚高电平,10 脚输出低电平,VD9 截止,C3 无充电电压,故 U1D 的 12 脚为低电平,维持 11 脚输出高电平,与上相同,灯不亮。

3) 晚上有声音,MIC 内阻减小,U1C 的 8、9 脚低电平,10 脚输出高电平,VD9 导通,U1D 的 12、13 脚高电平,11 脚输出低电平,VD10 导通,U1B5、6 脚低电平,4 脚输出高电平,U1A 的 1、2 脚高电平,3 脚输出低电平,V2 截止,晶闸管 V1 的 G 极为高电平,V1 导通,灯亮。

4) 延时控制:声音过后,MIC 内阻增大,U1C 的 8、9 脚高电平,10 脚输出低电平,VD9 截止,C3 通过 R9 放电,放电时间长短决定灯亮时间,放电至 U1D 的 12 脚为低电平,灯灭。

5.4.2 设计前准备

声光控节电开关相对于前面介绍的单管放大电路来说要复杂得多,如果采用手工一个一个放置元件,将耗费大量的时间,如果通过网络表调用元件和连线信息将大大提高效率。

设计前的准备工作主要有以下 3 个内容。

1) 参考图 5 - 100 的元件符号自行设计原理图中的光敏电阻 R8 和灯泡 LAMP。

2) 根据图 5 - 100 绘制电路原理图,并进行编译检查,元件的参数如表 5 - 1 所示。

表 5 - 1 声光控节电开关元件参数表

元件类别	元件标号	库元件名	元件所在库	元件封装
电解电容	C1 - C3	Cap Pol1	Miscellaneous Devices. InLib	RB. 1/. 2(自制)
磁片电容	C4、C5	Cap	Miscellaneous Devices. InLib	RAD - 0. 1
1/8W 电阻	R1 - R3、R5 - R7、R9 - R12	Res2	Miscellaneous Devices. InLib	AXIAL - 0. 4
1W 电阻	R4	Res2	Miscellaneous Devices. InLib	Axial - 0. 4
压敏电阻	Ru	Res Varistor	Miscellaneous Devices. InLib	RAD - 0. 3
集成电路	U1	CD4011BCN	FSC Logic Gate. IntLib	N14A
晶闸管	V1	C106M	Motorola Discrete SCR. IntLib	77 - 08
三极管	V2、V3	2N3904	Miscellaneous Devices. InLib	BCY - W3/E4
整流二极管	VD1 - VD7	Diode 1N4007	Miscellaneous Devices. InLib	DIO10. 46 - 5. 3x2. 8
检波二极管	VD8 - VD11	Diode 1N4148	Miscellaneous Devices. InLib	DIO7. 1 - 3. 9x1. 9
稳压二极管	DW1	1N751A	Motorola Discrete Diode. IntLib	299 - 02
驻极体送话器	MIC	MIC2	Miscellaneous Devices. InLib	MIC10(自制)
光敏电阻	R8	GM	自制	RAD - 0. 1
灯泡	LAMP	LAMP	自制	无

3) 自制元件封装。

驻极体送话器外观与封装如图 5 - 101 所示。主要参数:焊盘间距 160 mil,焊盘尺寸 80 mil,元件外形半径 200 mil。

电解电容 RB. 1/. 2 封装图如图 5 - 102 所示。主要参数:焊盘中心间距 100 mil,焊盘尺寸 80 mil,元件外形半径 100 mil。电解电容设计时外面不用加" + "号,这样有利于减小元件尺寸,封装中阴影部分的焊盘为电解电容负极。

图 5-101　驻极体送话器外观与封装图　　　图 5-102　电解电容 RB. 1/. 2 封装图

5.4.3　设计 PCB 时考虑的因素

该电路是一个低频电路,在灯未亮时,电路的工作电流很小;灯亮后整流二极管和晶闸管上有较大的电流,但维持时间比较短,故晶闸管 V1 无须再加装散热片。

设计时考虑的主要因素如下。

1) PCB 的尺寸为 4.5 mm×6 mm。电路板对角线上有两个直径 3 mm 的圆形安装孔,板的上方有两个直径 7 mm 的电源接线柱。

2) 根据产品的基本情况,首先定位电源接线柱的位置、驻极体送话器的位置、螺丝孔的位置。

3) 整流电路和晶闸管控制电路,相对电流较大,集中放置在电源接线铜柱附近,其他元件围绕集成电路 CD4011 布局。

4) 元件离板边沿至少 2 mm。

5) 布局调整时应尽量减少网络飞线的交叉。

6) 连线线宽:整流电路和可控硅控制电路,线宽选用 1.2 mm,地线线宽 1.5~2 mm,其他线路线宽 0.8~1.0 mm。

7) 电源接线铜柱的布线采用覆铜放置大面积铜箔,以提高电流承受能力和稳定性。

8) 连线转弯采用 45 度角或圆弧进行。

5.4.4　从原理图加载网络表和元件到 PCB

1. 规划 PCB

采用公制规划尺寸,板的尺寸为 45 mm×60 mm。

1) 执行菜单"文件"→"创建"→"PCB 文件",新建 PCB,执行菜单"文件"→"保存"将该 PCB 文件保存为"声光控开关 . PCBDOC"。

2) 执行菜单"设计"→"PCB 板选择项",设置单位制为 Metric(公制);设置可视栅格 1、2 分别为 1 mm 和 5 mm;捕获栅格 X、Y 和元件网格 X、Y 均为 0.5 mm。

3) 执行菜单"设计"→"PCB 板层次颜色",设置显示可视栅格 1(Visible Grid1)。

4) 执行菜单"编辑"→"原点"→"设定",定义相对坐标原点。

5) 执行菜单"工具"→"优先设定",屏幕弹出"优先设定"对话框,选中"Display"选项,在"表示"区中选中"原点标记"复选框,显示坐标原点。

6) 用鼠标单击工作区下方的标签,将当前工作层设置为 Mechanical1(机械层 1),根据

图 5 - 103 所示的尺寸,定义机械轮廓和元件和螺丝孔的位置,以便于布局时的定位。执行菜单"放置"→"直线"进行边框绘制,执行菜单"放置"→"圆"放置圆弧。

7)用鼠标单击工作区下方的标签,将当前工作层设置为 Keep out Layer(禁止布线层),重合着机械轮廓的外框定义 PCB 的电气轮廓 45 mm × 60 mm。此后,放置元件和布线都要在此边框内部进行。

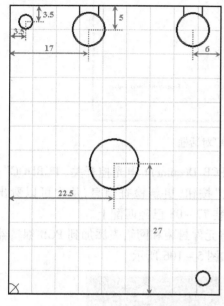

图 5 - 103　定义 PCB 机械轮廓

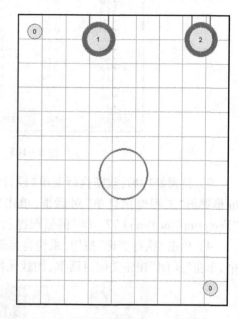

图 5 - 104　放置螺丝孔和接线铜柱

2. 放置螺钉孔和电源接线铜柱

如图 5 - 104 所示,根据机械层定位孔的位置,通过执行菜单"放置"→"焊盘"放置 2 个螺丝孔和 2 个接线铜柱,螺钉的尺寸为 X、Y 尺寸均为 3 mm,孔径 3 mm,形状 Round;接线铜柱的尺寸为 X、Y 尺寸均为 7 mm,孔径 5 mm,形状 Round。

螺钉孔的焊盘编号均设置为 0,接线铜柱的焊盘编号分别设置为 1 和 2。

3. 从原理图加载网络表和元件到 PCB

1)打开设计好的原理图文件(假设文件名为"声光控开关. SCHDOC"),执行菜单"项目管理"→"Compile Document 声光控开关. SCHDOC",对原理图文件进行编译,根据"Messages"面板中的错误和警告提示进行相应的修改,对布线无影响的警告可以忽略。

2)在原理图编辑器环境下,执行菜单"设计"→"Update PCB Document 声光控开关. PCBDOC",屏幕弹出"工程变化订单"对话框,显示本次更新的对象和内容,单击"使变化生效"按钮,系统将自动检查各项变化是否正确有效,所有正确的更新对象,在检查栏内显示"√"符号,不正确的显示"×"符号,如图 5 - 105 所示。

从图 5 - 105 中可以看出存在两个错误信息,其中 LAMP(灯泡)不需要设置封装的,此错误可以忽略;V1 的错误是"Footprint Not Found 77 - 08",说明封装 77 - 08 未找到,原因是该封装所在的库 Motorola Discrete SCR. IntLib 未设置为当前库,可在元件库面板中将该库设置为当前库。

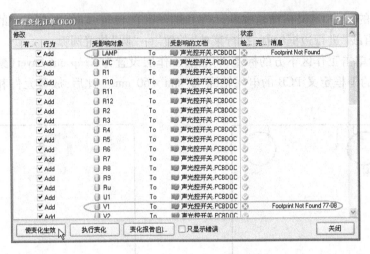

图 5 – 105 "工程变化订单"对话框

3）设置好库后，重新执行菜单"设计"→"Update PCB Document 声光控开关 . PCBDOC"，屏幕弹出"工程变化订单"对话框，单击"使变化生效"按钮，更新检查信息，从中可以看出"Footprint Not Found 77 – 08"的错误提示消失，说明封装 77 – 08 已经匹配上。

4）单击"执行变化"按钮，系统将接受工程变化，将元件封装和网络表添加到 PCB 编辑器中，单击"关闭"按钮关闭对话框，加载元件后的 PCB 如图 5 – 106 所示。

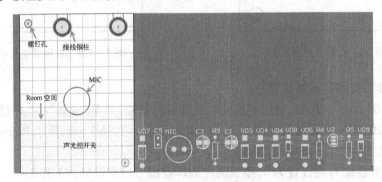

图 5 – 106 加载元件后的 PCB

从图 5 – 106 中可以看出，系统自动建立了一个 Room 空间"声光控开关"，同时加载的元件封装和网络表放置在规划好的 PCB 边界之外，因此还必须进行元件布局。

注意："Update PCB Document…"命令只能在工程项目中才能使用，必须将原理图文件和PCB 文件保存到同一个项目中，且在执行该命令前必须先保存 PCB 文件。

5.4.5 声光控节电开关 PCB 手工布局

图 5 – 106 中，元件是散在电气轮廓之外的，显然不能满足布局的要求，此时可以通过手工布局的方式将元件排列到适当的位置。

1. 通过 Room 空间移动元件

由于元件排列范围太宽，不利于选取元件，所以一般先将元件移动到规划好的电气边界之内。

从原理图中调用元件封装和网络表后，系统自定义一个 Room 空间（本例中系统自定义的 Room 空间为"声光控开关"），包含了所有的元件，移动 Room 空间，对应的元件也会跟着一起移动。

将 Room 空间移动到电气边框内，执行菜单"工具"→"放置元件"→"Room 内部排列"，移动光标至 Room 空间内单击鼠标左键，元件将自动按类型整齐排列在 Room 空间内，单击鼠标右键结束操作，此时屏幕上会有一些画面残缺，可执行菜单"查看"→"更新"来刷新画面，移动后的元件布局如图 5 - 107 所示。

2. 手工布局调整

元件调入 Room 空间后，可以先删除 Room 空间，然后再进行手工布局调整。

手工布局就是通过移动和旋转元件，根据信号流程和布局原则将元件移动到合适的位置，同时尽量减少元件网络飞线交叉。

用鼠标左键点住元件不放，拖动鼠标可以移动元件，在移动过程中按下〈空格〉键可以旋转元件，一般在布局时不进行元件的翻转，以免造成元件引脚无法对应。

本例中为保证与面板的配合，应先将驻极体送话器 MIC 移动到图中指定的位置，然后再移动其他元件。

手工布局调整后的 PCB 如图 5 - 108 所示。

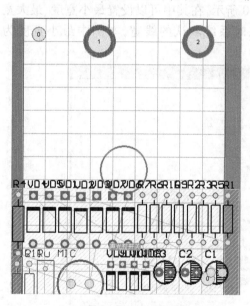

图 5 - 107　通过 Room 空间移动元件

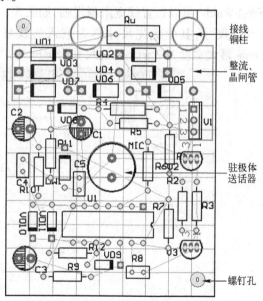

图 5 - 108　完成手工布局的 PCB 图

5.4.6　声光控节电开关 PCB 手工布线

元件布局完毕就可以开始进行布线。在 PCB 设计中有两种布线方式，可以通过执行菜单"放置"→"直线"进行布线，或执行菜单"放置"→"交互式布线"（图标为 ▨ ）进行布线。前者一般用于没有加载网络的线路连接，后者一般用于有加载网络的线路连接。

通过"放置"→"直线"放置的连线由于不具备网络连接信息，所以系统的 DRC 自动检查会高亮显示提示该连线错误，消除此错误的方法是双击该连线，将其网络设置为当前与之相连的焊盘上的网络,如图 5 – 109 所示。

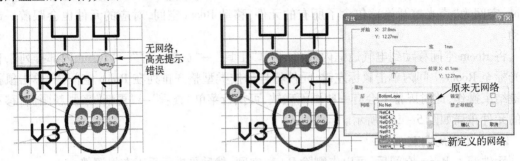

图 5 – 109　放置直线方式布线存在问题与解决方法

本例中的元件带有网络,所以采用"交互式布线"的方式进行线路连接。

1. 交互式布线参数设置

交互式布线的线宽是由线宽限制规则限制的,可以设置最小线宽、最大线宽和优选线宽,设置完成后,线宽只能在最小线宽和最大线宽之间进行切换。

(1)线宽限制规则设置

执行菜单"设置"→"规则",屏幕弹出"PCB 规则和约束编辑器"对话框,选中"Routing"选项下的"Width"可以设置线宽限制规则,如图 5 – 110 所示,在其中可以设置最小宽度、最大宽度和优选尺寸,其中优先尺寸即为进入连线状态时系统默认的线宽,本例中最小宽度为0.8 mm、最大宽度为 2 mm、优选尺寸为 1 mm。

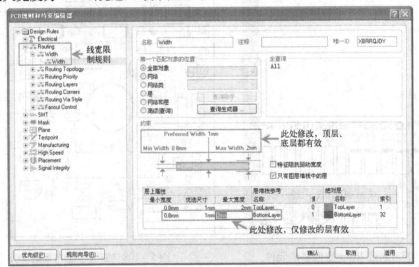

图 5 – 110　设置线宽限制规则

该规则中还可以设置规则适用的范围,本例中选择适用于全部对象。

(2)线宽设置方法

在放置连线状态按下键盘的〈Tab〉键,屏幕弹出"交互式布线"设置对话框,在其中可以设置线宽和线所在的工作层,如图 5 – 111 所示。线宽的设置一般不能超过前面设置的范围 0.8 ~2 mm,超过上限,系统自动默认为最大值 2 mm,低于下限值,系统自动默认为最小值0.8 mm。

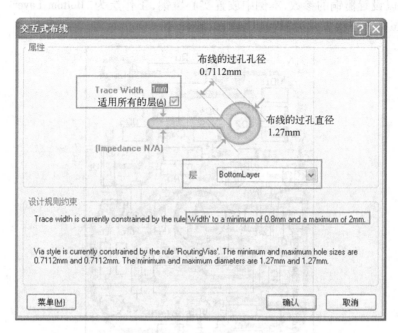

图5-111 设置连线宽度

2. 手工布线

手工布线前应再次检查元件之间的网络飞线是否正确,本例中集成块 CD4011 的 14 脚电源端的引脚编号为 VDD,而在原理图中给集成块提供 5.1 V 电源的网络为 Vcc,两者之间不匹配,造成 U1 的 14 脚未连接到电源 Vcc 上;另电源接线铜柱所用的焊盘为独立焊盘,无网络。

修改的办法为:双击 U1 的焊盘引脚 14,屏幕弹出焊盘属性对话框,将其网络设置为 Vcc,修改后可以看到该引脚的网络飞线连接到 Vcc 上;双击电源接线铜柱焊盘 1,将其网络修改为 NetLAMP_2;双击电源接线铜柱焊盘 2,将其网络修改为 NetRu_1。(注意根据实际网络设置)

检查网络飞线无误后就可以进行手工布线。将工作层切换到 Bottom Layer,执行菜单"放置"→"交互式布线",根据网络飞线进行连线,线路连通后,该线上的飞线将消失,连线宽度根据线所属网络进行选择。(参考前面的设计 PCB 时考虑的因素)

在连线过程中,有时会出现连线无法从焊盘中央开始,可以通过减小捕获栅格来解决。

本例中的连线转弯要求采用45°或圆弧进行,可以在连线过程中按键盘上的〈空格〉键或〈Shift〉+〈空格〉键进行切换。

在布线过程中可能出现元件之间的间隙不足,无法穿过所需的连线,此时可以适当调整元件的位置以满足要求。

手工布线后的 PCB 如图 5-112 所示。

3. 覆铜的使用

在 PCB 设计中,有时需要用到大面积铜箔,如果是规则的矩形,可以通过执行菜单"放置"→"矩形填充"实现。如果是不规则的铜箔,则必须执行菜单"放置"→"覆铜"实现。

下面以放置网络 NetRu_1 上的覆铜为例介绍覆铜的使用方法。

执行菜单"放置"→"覆铜"或单击工具栏按钮，屏幕弹出图 5-113 所示的"覆铜"对话框,在其中可以设置覆铜的参数,本例中放置实心覆铜,工作层为"Bottom Layer",覆铜连接的网络为"NetRu_1",连接方式为"Pour Over All Same Net Objects"。

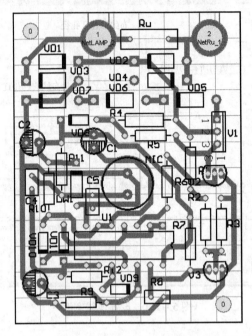

图 5 - 112　手工布线的 PCB

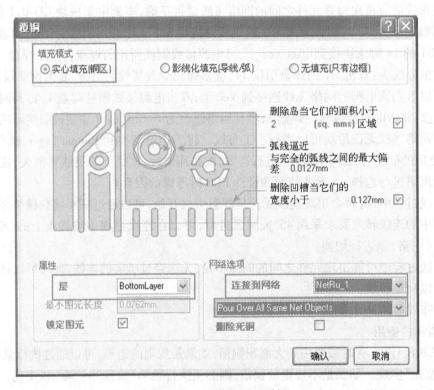

图 5 - 113　覆铜设置对话框

设置完毕单击"确认"按钮进入放置覆铜状态,拖动光标到适当的位置,单击鼠标左键确定覆铜的第一个顶点位置,然后根据需要移动并单击鼠标左键绘制一个封闭的覆铜空间后,在空白处单击鼠标右键退出绘制状态,覆铜放置完毕,如图 5 - 114 所示。

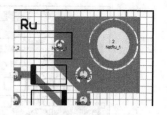

图 5 - 114　放置覆铜

从图中看出覆铜与焊盘的连接是通过十字线实现的,本例中希望覆铜是直接覆盖焊盘的,还需要进行覆铜规则设置。

执行菜单"设计"→"规则",屏幕弹出设计规则对话框,选中"Plane"选项下的"Polygon Connect"进入规则设置状态,如图 5 - 115 所示。

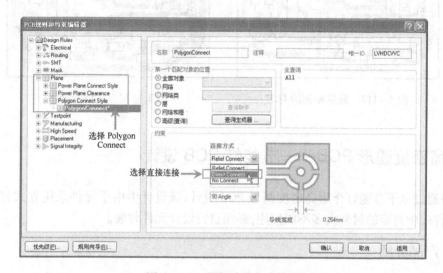

图 5 - 115　覆铜连接方式设置

在"连接方式"下拉列表框中选中"Direct Connect"进行直接连接,单击"确认"按钮退出。双击该覆铜,屏幕弹出覆铜设置对话框,单击"确认"按钮退出,屏幕弹出一个对话框提示是否重新建立覆铜,单击"Yes"按钮确认重画,结果如图 5 - 116 所示,从图中可以看出覆铜直接覆盖焊盘。

设置完覆铜的 PCB 如图 5 - 117 所示。

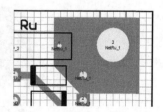

图 5 - 116　直接连接的覆铜

4. 地线和大电流线路的调整

图 5 - 112 中都是使用 1mm 的连线,对于地线而言,一般要加粗一些,本例中 PCB 外围的地线有比较富裕的空间,可以将其加粗为 2 mm。整流电路和晶闸管控制电路,相对电流较大,将其线宽加粗为 1.2 mm。线宽调整的方法为双击连线,在弹出的对话框中修改"宽"中的值。

5. 调整丝网文字

PCB 布线完毕,要调整好丝网层的文字,以保证 PCB 的可读性,一般要求丝网层文字的大小、方向要一致,不能放置在元件框内或压在焊盘上。

至此,PCB 设计结束,最终的 PCB 如图 5 - 118 所示。

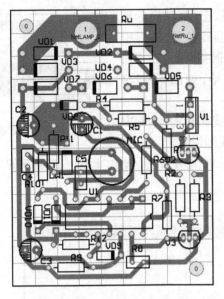
图 5 - 117　放置覆铜的 PCB

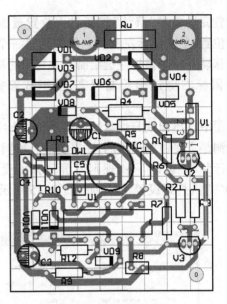
图 5 - 118　最终的 PCB

5.5　高密度圆形 PCB——节能灯 PCB 设计

本节通过电子节能灯介绍高密度圆形 PCB 设计,该设计中由于元件采用立式封装,排列紧凑,元件库中自带的封装大多不能使用,必须自行设计元件封装。

5.5.1　产品介绍

节能灯的外观和内部 PCB 如图 5 - 119 所示。

图 5 - 119　节能灯外观和 PCB 图

节能灯工作在较高电压中,一般是交流电压 100 ~ 270 V 之间,工作频率一般在 30 ~ 100 kHz 之间,工作温度在 50℃ ~ 80℃ 之间。

电路原理图如图 5 - 120 所示。

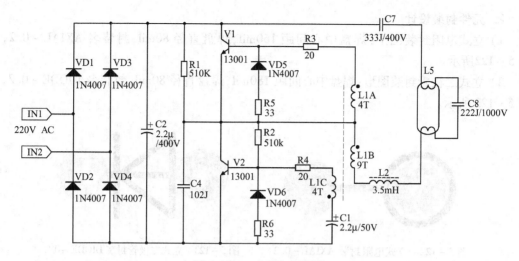

图 5 - 120　节能灯原理图

电路工作原理如下。

VD1 ~ VD4、C2 组成桥式整流、滤波电路,完成 AC→DC 转换。

V1、V2、R3、R4、磁芯变压器 L1、扼流圈 L2、灯管、C7、C8 组成自激振荡电路,完成 DC→AC 转换,点亮灯管,其中 C7 为启动电容、C8 为谐振电容。

R1、R2、C4 组成启动电路,用于电路初始状态下起振,否则自激振荡无法形成。

电容 C8 用于启动灯管:灯管需要瞬时高压才能启动点亮,在电路加电初始阶段,扼流圈 L2、灯管的灯丝、启动电容 C7、谐振电容 C8 与开关管组成谐振,产生高频高压,将灯管击穿发光。

VD5、VD6 为保护二极管,保护 V1、V2。

5.5.2　设计前准备

节能灯的印刷板面积很小,且需要装入灯头中,故元件封装一般要设计为立式,在原理图设计中元件的封装名要与自行设计 PCB 库中的元件封装名一致。

由于 Protel DXP 2004 SP2 中元件自带的封装基本上不符合本次设计的要求,另外,个别元件在原理图库中不存在,所以必须重新设计个别元件的图形和元件封装,并为元件重新定义封装。

1. 绘制原理图元件

在节能灯电路原理图中,高频振荡线圈 L1、扼流圈 L2 和节能灯管在原理图元件库中找不到,需要自己设计元件图形,其中高频振荡线圈 L1 为 3 个线圈并绕在同一个磁环上,元件要标示上线圈的同名端,1、3、5 管脚为同名端,该元件中有 3 套相同的功能单元。自定义元件图形如图 5 - 121 所示。

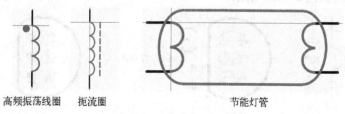

高频振荡线圈　　扼流圈　　　　　　　节能灯管

图 5 - 121　自制元件图形

2. 元件封装设计

1）立式电阻封装图形:焊盘中心间距 160mil,焊盘直径 80mil,封装名 AXIAL － 0.2,如图 5 － 122 所示。

2）立式二极管封装图形:焊盘中心间距 180mil,焊盘直径 80mil,封装名 DIODE － 0.2,如图 5 － 123 所示。

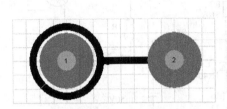

图 5 － 122　立式电阻封装 AXIAL － 0.2　　图 5 － 123　立式二极管封装 DIODE － 0.2

3）高频振荡线圈封装图形:焊盘左右中心间距 140 mil,上下中心间距 200 mil,焊盘直径 80 mil,元件外框 360 mil × 280 mil,封装名 CH3,如图 5 － 124 所示。

4）扼流圈封装图形:焊盘中心间距 290 mil,焊盘直径 80 mil,元件外框 380 mil × 380 mil,封装名 ELQ1,如图 5 － 125 所示。

注意:扼流圈磁芯为 EI 型,其中 1、2 脚接线圈,3、4 脚为空脚,用于固定元件。

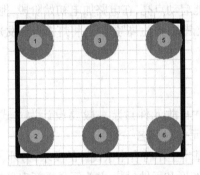 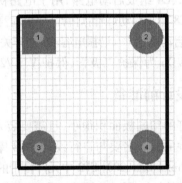

图 5 － 124　高频振荡线圈封装 CH3　　图 5 － 125　扼流圈封装图 ELQ1

5）三极管封装图形:图形拷贝 BCY － W3/E4,为减小封装图形占用的面积,删去图形外围丝网层上的"1"和"3",并将元件封装名设置为 TO － 92N。由于三极管 13001 的引脚顺序为 ECB,而库中的 NPN 三极管引脚为 1C、2B、3E(与实际元件有区别),所以应将 TO － 92N 的焊盘顺序设置为 312,如图 5 － 126 所示。

图 5 － 126　三极管封装图

6）节能灯管:因为节能灯管没有安装在电路板上,所以只要定义节能灯管原理图的外形图,不要制作封装图形,在 PCB 制作时,放置 4 个焊盘用于连接灯管。

3. 原理图设计

根据图 5 - 120 绘制电路原理图,并进行编译检查,元件的参数如表 5 - 2 所示。

表 5 - 2　节能灯元件参数表

元件类别	元件标号	库元件名	元件所在库	元件封装
电解电容	C1	Cap Pol1	Miscellaneous Devices. InLib	RB. 1/. 2(自制)
电解电容	C2	Cap Pol1	Miscellaneous Devices. InLib	RAD - 0. 4
涤纶电容	C4、C7、C8	Cap	Miscellaneous Devices. InLib	RAD - 0. 1
1/8W 电阻	R1 - R6	Res2	Miscellaneous Devices. InLib	AXIAL - 0. 2(自制)
三极管	V1、V2	NPN	Miscellaneous Devices. InLib	TO - 92N(自制)
整流二极管	VD1 - VD6	Diode 1N4007	Miscellaneous Devices. InLib	DIODE - 0. 2(自制)
高频振荡线圈	L1	L3	自制	CH3(自制)
扼流圈	L2	INDUCTOR5	自制	ELQ1(自制)
节能灯管	L5	DG	自制	无

将自行设计的元件封装库设置为当前库,依次将原理图中的元件封装修改为合适的封装形式,并将原来元件自带的封装删除。

5.5.3　设计 PCB 时考虑的因素

节能灯电路的 PCB 是套在灯头内的,板的尺寸比较少,但有一定的高度,可以通过高度来弥补面积的不足。设计时考虑的主要因素如下。

1）电源接线端和灯管接线端分别布于 PCB 的两侧,并为电源接线端预留 2 个焊盘,为灯管接线端预留 4 个焊盘,并设置好网络。

2）整流滤波电路集中布局于电源接线端附近。

3）刚性器件、不能弯曲的高元件布设于板的中央,以满足 PCB 的空间要求。

4）电解电容 C2 因为板小将其封装定义为 RAD - 0. 4,安装该元件时将元件抬高,利用空间来补充板的面积不足,注意在引脚上加套管。

5）电容 C8 安装时将元件抬高,利用空间来补充板的面积不足,注意在引脚上加套管。

6）三极管要注意焊盘的顺序是否正确,本例中的三极管 13001 的引脚顺序为 ECB(321)。

7）高频磁环 L1 是三只线圈并绕,要注意同名端的连接。

8）扼流圈磁心为 EI 型,有 4 个引脚,其中 1、2 脚接线圈,3、4 脚为空脚,用于固定元件。

9）节能灯印制板的外形为圆形,半径为 660 mil。元件布局很紧密,要注意 DRC 自动检查提示的警告信息,若无原则性错误,可以忽略警告信息。

10）布线采用手工布线方式进行,线宽为 40mil。

11）整流电路在空间允许的条件下可以使用覆铜,以提高电流承受能力和稳定性。

5.5.4　从原理图加载网络表和元件到 PCB

1. 规划 PCB

采用英制规划尺寸,板的形状为圆形,半径为 660 mil。

1）新建 PCB 文件"节能灯. PCBDOC"，设置单位制为 Imperial（英制）；设置可视栅格 1、2分别为 10 mil 和 100 mil；捕获栅格 X、Y 和元件网格 X、Y 均为 10 mil。

2）将当前工作层设置为 Keep out Layer，任意放置一个圆，双击该圆，将"半径"设置为 660 mil。

3）执行菜单"设计"→"PCB 板形状"→"重定义 PCB 板形状"，沿着该圆的边沿定义 1320 mil × 1320 mil 的正方形 PCB 板，最后保存 PCB 文件。

2. 从原理图加载网络表和元件到 PCB

对原理图文件进行编译，检查并修改错误。执行菜单"设计"→"Update PCB Document 节能灯. PCBDOC"，加载网络表和元件，忽略与灯管 L5 有关的错误信息（灯管未设封装，在 PCB 上用 4 个焊盘代替其 4 个引脚），修改其他错误。当无原则性错误后，单击"执行变化"按钮，将元件封装和网络表添加到 PCB 编辑器中。

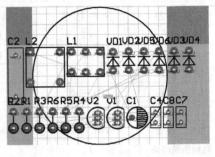

图 5-127　加载网络表和元件

在 PCB 编辑器中，执行菜单"工具"→"放置元件"→"Room 内部排列"，移动光标至 Room 空间内单击鼠标左键，元件将自动按类型整齐排列在 Room 空间内，单击鼠标右键结束操作，此时屏幕上会有一些画面残缺，可执行菜单"查看"→"更新"来刷新画面，移动后的元件布局如图 5-127 所示。

5.5.5　节能灯 PCB 手工布局

图 5-127 中，元件是按类型排列的，不能满足实际的要求，必须可以通过手工布局的方式将元件排列到适当的位置。

本例中由于印制电路板是圆形的，如果元件布局时采用通用的横平竖直的方式进行，板的空间不够，所以实际布局时需要将一些元件封装旋转一定角度，然后再放置在圆形的电路板中。

1. 元件封装旋转角度设置

旋转角度设置如图 5-128 所示。元件封装默认旋转角度为 90°，为实现任意角度旋转，必须先进行旋转角度设置。执行菜单"工具"→"优先设定"，屏幕弹出"优先设定"对话框，选中"General"选项，在"其他"区中的"旋转角度"栏后设置每次旋转 5°。

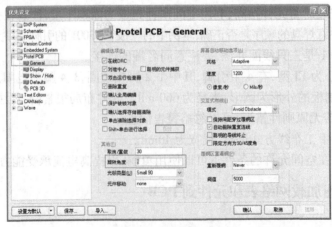

图 5-128　旋转角度设置

2. 元件手工布局调整

用鼠标左键点住元件不放,拖动鼠标可以移动元件,在移动过程中按下〈空格〉键可以每次 5°旋转元件。

由于系统默认设有在线 DRC 检查,如果出现违反设计规则,元件将高亮显示,此时应适当调整元件间的间距。

手工布局调整后的 PCB 如图 5－129 所示。

3. 3D 显示布局情况

执行菜单"查看"→"显示三维 PCB 板",系统显示该板的 3D 图,如图 5－130 所示,从中可以观察布局是否合理。

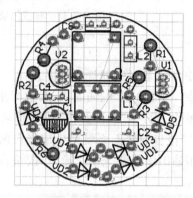

图 5－129　完成手工布局的 PCB 图

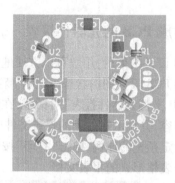

图 5－130　布局的 3D 图

5.5.6　节能灯 PCB 手工布线

1. 设置线宽限制规则

执行菜单"设计"→"规则",屏幕弹出"PCB 规则和约束编辑器"对话框,选中"Routing"选项下的"Width"可以设置线宽限制规则,设置最小宽度为 30 mil、最大宽度和优选尺寸为 40 mil,适用于全部对象。

2. 手工布线

本例中接灯管的 4 个焊盘和 2 个接灯头电源端的焊盘需要手工设置网络,根据电路图和布局图设置好该 6 个焊盘的网络。

将板上的除三极管外的焊盘直径均修改为 80 mil。

检查网络飞线无误后就可以进行手工布线。将工作层切换到 Bottom Layer,执行菜单"放置"→"交互式布线",根据网络飞线进行连线,线路连通后,该线上的飞线将消失,连线宽度根据线所属网络进行选择。

对于需要使用覆铜的整流电路,可以先布覆铜,并将该覆铜的网络设置为当前网络。

本例中在板边缘布线时要画圆弧线,先将参考点定义在外框圆的圆心,执行菜单"放置"→"圆弧(中心)",在参考点处单击鼠标左键确定圆心,移动光标确定半径,单击鼠标左键,在要连接的焊盘上确定圆弧的起始点和终止点,并放置圆弧,最后将圆弧的宽定义为 40 mil。

本例中的连线转弯要求采用 45°或圆弧进行,可以在连线过程中按键盘上的〈空格〉键或〈Shift〉+〈空格〉键进行切换。

在布线过程中可以微调元件的布局,并可通过借用 L2 的空脚 3、4 来过渡连线,使用时必须设置好网络。

PCB 布线完毕,要调整好丝网层的文字,以保证 PCB 的可读性,一般要求丝网的大小、方向要一致,不能放置在元件框内或压在焊盘上。

至此,PCB 手工布线结束,最终的 PCB 如图 5 – 131 所示。

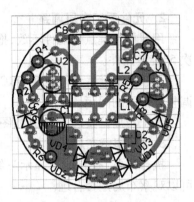

图 5 – 131　布线结束的 PCB

5.5.7　生成 PCB 的元器件报表

在 PCB 设计结束后,用户可以方便地生成 PCB 中用到的元器件清单报表。

在当前 PCB 设计图的状态下,执行菜单"报告"→"Bill of Materials",系统弹出图 5 – 132 所示的"PCB 文档元器件报表"对话框,在该对话框中,用户可以设置在左侧"其它列"中选择要输出的内容,并显示在右侧的报告文件中。单击"报告"按钮,系统将生成报告预览对话框,用户可以设定预览的比例,单击"打印"按钮可打印输出该报表;单击"输出"按钮,可以导出该文件的电子表格形式的报表文档。

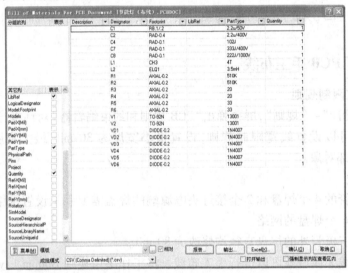

图 5 – 132　生成 PCB 的元器件报表

5.6　实训

5.6.1　实训 1　绘制简单的 PCB

1. 实训目的

1) 掌握 PCB 设计的基本操作。

2）初步掌握电路板的手工布线。

2. 实训内容

1）启动 Protel DXP 2004 SP2,新建并保存项目文件为"MYPCB. PRJPCB",新建 PCB 文件并保存为"MYPCB. PCBDOC"。

2）执行菜单"设计"→"PCB 板选择项",设置单位制为 Imperial(英制);设置可视栅格 1、2 分别为 10 mil 和 100 mil;捕获栅格 X、Y 和元件网格 X、Y 均为 10 mil。

3）执行菜单"设计"→"PCB 板层次颜色",设置显示可视栅格 1(Visible Grid1)。

4）载入 Miscellaneous Device. IntLIB 和 Gennum Video Buffer Amplifier. IntLib 元件库。

5）在 Keep Out Layer 层上定义矩形电气轮廓,大小为 1960 mil × 1560 mil,边框线的宽度为 10 mil。

6）放置元件 RAD − 0.2 两个,元件 DIP − 14 一个,元件 AXIAL − 0.4 两个,元件 SIP8 一个,并如图 5 − 133 所示调整元件位置,设置每个元件的标号。

7）执行菜单"放置"→"直线",如图 5 − 134 所示进行底层(Bottom Layer)布线,线宽为 20 mil。

8）如图 5 − 134 在电路板图中放置三个圆形通孔焊盘,焊盘的直径为 60 mil,钻孔直径为 30 mil,并在顶层丝印层(Top Overlay)为 3 个焊盘标上字符串 A、B、C,设计完毕保存文件。

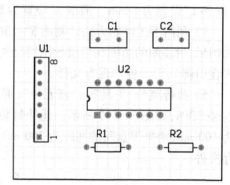

图 5 − 133　放置元件

9）将文件另存为"MYPCB1. PCBDOC"。

10）在改名后的 PCB 文件中加宽一部分铜膜线,如图 5 − 135 所示,线宽为 50 mil;在电路板上放置过孔,过孔的直径为 50 mil,钻孔直径为 28 mil,并根据图 5 − 135 完成双面布线。

11）执行菜单"放置"→"交互式布线"连接 U1 的第 6 脚和第 7 脚,观察连接结果。

12）保存文件并退出。

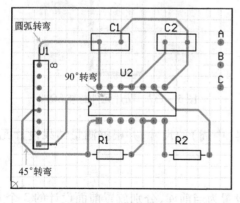

图 5 − 134　底层布线

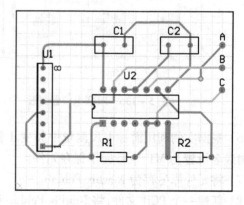

图 5 − 135　双面布线

3. 思考题

1）设计单面板时应如何设置板层?

2）过孔与焊盘有何区别?

3）采用"交互式布线"方式与"直线"布线方式有何区别？如何解决存在的问题？

5.6.2 实训2 制作元件封装

1. 实训目的

1）掌握 PCB 元件库编辑器的基本操作。

2）掌握使用 PCB 元件库编辑器绘制元件封装。

3）掌握游标卡尺的使用。

2. 实训内容

1）执行菜单"文件"→"创建"→"库"→"PCB 库"，打开 PCB 库编辑窗口，系统自动生成一个名为"PcbLib1. PcbLib"的元件封装库。

2）执行菜单"工具"→"元件属性"，在弹出的对话框中将"名称"修改 VR。

3）执行菜单"工具"→"库选择项"设置文档参数，将"单位"设置为 Metric，将可视网格的"网格1"设置为 1 mm、"网格2"设置为 5 mm，将捕获栅格的"X"、"Y"均设置为 1 mm。

4）利用手工绘制方法绘制图 5-136 所示的双联电位器封装图，封装名为 VR，具体尺寸如图示，封装图的边框在顶层丝网层绘制，线宽为 0.254 mm，焊盘尺寸设置为 2 mm，参考点设置在引脚 1，设计完毕保存文件。

5）执行菜单"工具"→"新元件"，屏幕弹出元件设计向导，采用设计向导绘制 8 脚贴片 IC 封装 SOP8，如图 5-137 所示。元件封装的参数为：焊盘大小 100 mil×50 mil，相邻焊盘间距为 100 mil，两排焊盘间的间距为 300 mil，线宽设置为 10 mil，封装名设置为 SOP8，设计完毕保存文件。

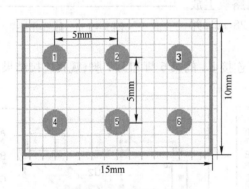

图 5-136 双联电位器封装

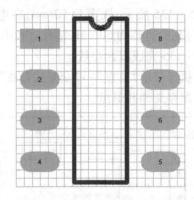

图 5-137 贴片元件封装 SOP8

6）根据实物利用游标卡尺测量中频变压器(中周)的尺寸,并根据测量结果设计元件封装,封装名设置为 MT,设计完毕保存元件。

7）将元件库另存为 Newlib. PcbLib。

8）新建一个 PCB 文件,将 Newlib. PcbLib 设置为当前库,分别放置前面设计的 3 个元件,观察参考点是否符合设计要求。

3. 思考题

1）设计印制板元件封装时,封装的外框应放置在哪一层,为什么？

2）如何设置元件封装的参考点？

5.6.3 实训 3 声光控节电开关 PCB 设计

1. 实训目的

1）掌握电路的原理。

2）掌握低频板的布局布线规则。

3）进一步掌握元件封装的设计方法。

4）进一步掌握 PCB 的手工布线方法。

2. 实训内容

1）事先准备好图 5 – 100 所示的声光控开关原理图文件,并熟悉电路原理。

2）进入 PCB 编辑器,新建 PCB 文件"声光控开关 . PCBDOC",新建元件库文件"PcbLib1. PcBLib",根据图 5 – 101 和图 5 – 102 设计驻极体送话器和电解电容的封装。

3）载入 Miscellaneous Device. IntLIB、Miscellaneous Devices. InLib 、FSC Logic Gate. IntLib、Motorola Discrete SCR. IntLib 、Motorola Discrete Diode. IntLib 和自制的 PcbLib1. PcBLib 元件库。

4）编辑原理图文件,根据表 5 – 1 重新设置好元件的封装。

5）设置单位制为 Metric;设置可视栅格 1 为 1 mm、可视栅格 2 为 5 mm;设置捕获栅格 X、Y 和元件网格 X、Y 均为 0. 5 mm,并根据图 5 – 103 规划印制板,并放置接线铜柱。

6）打开声光控开关原理图文件,执行菜单"设计"→"Update PCB Document 声光控开关 . PCBDOC"加载网络表和元件,根据提示信息修改错误。

7）执行菜单"工具"→"放置元件"→"Room 内部排列"进行元件布局,并根据图 5 – 108 进行手工布线调整,尽量减少飞线交叉。

8）根据图 5 – 112 进行手工布线,布线采用"交互式布线"方式进行,布线线宽为 1 mm,转弯采用 45°方式进行。

9）根据图 5 – 117 设置覆铜。

10）将空间比较富裕地方的地线加粗为 2 mm,整流电路和晶闸管控制电路其线宽加粗为 1. 2 mm。

11）调整元件丝网层的文字。

12）保存 PCB 文件和项目文件。

3. 思考题

1）如何从原理图载入网络表和元件?

2）如何进行布设覆铜?

3）如何调整连线大线宽?

4）如何改变焊盘的网络?

5.6.4 实训 4 节能灯 PCB 设计

1. 实训目的

1）掌握节能灯电路原理。

2）掌握异形板的布局布线方法。

3）掌握元件封装旋转角度的调整。

4）进一步掌握 PCB 的手工布线方法。

5）掌握元器件报表的生成方法。

2. 实训内容

1）事先准备好图 5 - 120 所示的节能灯原理图文件,并熟悉电路原理,观察节能灯实物。

2）进入 PCB 编辑器,新建 PCB 文件"节能灯.PCBDOC",新建元件库文件"PcbLib1.PcBLib",根据图 5 - 122 ~ 图 5 - 126 设计立式电阻、立式二极管、高频振荡线圈、扼流圈和三极管的封装。

3）载入 Miscellaneous Device.IntLIB 和自制的 PcbLib1.PcBLib 元件库。

4）编辑原理图文件,根据表 5 - 2 重新设置好元件的封装。

5）设置单位制为 Imperial(英制);设置可视栅格 1、2 分别为 10 mil 和 100 mil;捕获栅格 X、Y 和元件网格 X、Y 均为 10 mil。

6）规划 PCB。将当前工作层设置为 Keep out Layer,任意放置一个圆,双击该圆,将"半径"设置为 660 mil。执行菜单"设计"→"PCB 板形状"→"重定义 PCB 板形状",沿着该圆的边沿定义 660 mil × 660 mil 的正方形 PCB 板,最后保存 PCB 文件。

7）打开节能灯原理图文件,执行菜单"设计"→"Update PCB Document 节能灯.PCBDOC"加载网络表和元件,根据提示信息修改错误。

8）执行菜单"工具"→"放置元件"→"Room 内部排列"进行元件布局。

9）执行菜单"工具"→"优先设定",屏幕弹出"优先设定"对话框,选中"General"选项,在"其他"区中的"旋转角度"栏后设置每次旋转 5°,根据图 5 - 129 进行手工布线调整,尽量减少飞线交叉。

10）执行菜单"查看"→"显示三维 PCB 板",查看 3D 视图,观察布局是否合理。

11）对整流电路布设覆铜,并将覆铜的网络设置为当前网络。

12）根据图 5 - 131 进行手工布线,布线采用"交互式布线"方式进行,布线线宽为 40 mil,转弯采用 45°方式或圆弧方式进行,布线结束调整元件丝网层的文字。

13）执行菜单"报告"→"Bill of Materials",生成元器件报表。

14）保存 PCB 文件和项目文件。

3. 思考题

1）如何设定元件旋转角度?

2）如何布设圆弧形连线并改变线宽?

3）如何生成元器件报表?

5.7 习题

1. 如何进行印制板规划?

2. 如何使用快捷键切换各工作层?

3. 印制板的电气边界是在哪一层设置的? 有何作用?

4. 如何加粗印制板的底层上的所有印制导线?

5. PCB 封装元件有哪两类? 它们是由哪两部分组成的? 其各部分的体现形式是怎样的?

6. 制作一个小型电磁继电器的封装,尺寸利用游标卡尺实际测量。

7. 试利用向导器制作一个 DIP68 的集成电路封装。

8. PCB 布局应遵循哪些原则?

9. PCB 布线应遵循哪些原则?

10. 根据图 5-1 所示的单管放大原理图制作单面 PCB 板。

11. 根据图 2-112~图 2-117 所示的功放电路设计单面印制板。

12. 根据图 2-118 所示的存储器电路设计双面印制板。

13. 根据图 2-119 所示的稳压电源电路设计单面印制板。

14. 试根据图 5-138 所示电路设计单面印制板。

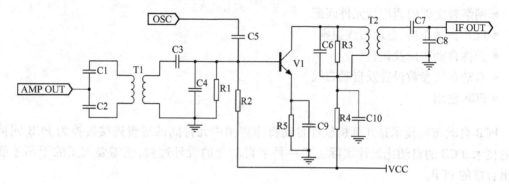

图 5-138　混频电路

第6章 PCB自动布线

本章要点

- 网络表文件的调用与元件匹配
- PCB自动布局、自动布线原则
- 元件自动布局及调整
- 自动布线参数设置及自动布线
- PCB输出

PCB自动布线技术是计算机软件自动将原理图中元件间的逻辑连接转换为PCB铜箔连接的技术,PCB的自动化设计实际上是一种半自动化的设计过程,还需要人工的干预才能设计出合格的PCB。

PCB自动布线的流程如下。

1) 绘制电路原理图。此为设计印制电路板的前期准备工作,一般要确定元件的封装,原理图编译校验无误后,生成网络表文件。

2) 在PCB编辑器中规划印制板,设置布线的各种栅格参数、工作层、印制板尺寸等。

3) 从原理图加载的网络表和元件。实际上是将元件封装载入印制电路板图之中,元件之间的连接关系以网络飞线的形式体现。

4) 自动布局及手工布局调整。采用自动布局和手工布局相结合的方式,将元件合理地放置在印制电路板中,在满足电气性能的前提下,尽量减少网络飞线的交叉,以提高布线的布通率。

5) 自动布线规则设置。根据实际电路的需要针对不同的网络设置好布线规则,以提高布线的质量。

6) 自动布线。某些特殊的连线可以先进行手工预布线,然后再进行自动布线。

7) 手工布线调整及标注文字调整。一般自动布线效果不能完全满足设计要求,还必须进行手工布线调整,最后完成的电路必须把标注文字的位置调整好。

8) 设计规则检查(DRC)。检查PCB中是否有违反设计规则的错误存在,并进行修改。

9) PCB文件输出。包括PCB图输出和制造文件输出。

6.1 流水灯PCB设计

流水灯常用于电子玩具和场所装饰中,可以美化环境,渲染气氛。本例中的流水灯电路采用双面圆形PCB,通过16个发光二极管进行流水显示,发光二极管的显示由微处理器89C51编程控制。电路原理图如图6-1所示,电路由电源稳压电路、微处理器控制电路和LED显示电路3个部分组成,元件参数如表6-1所示。

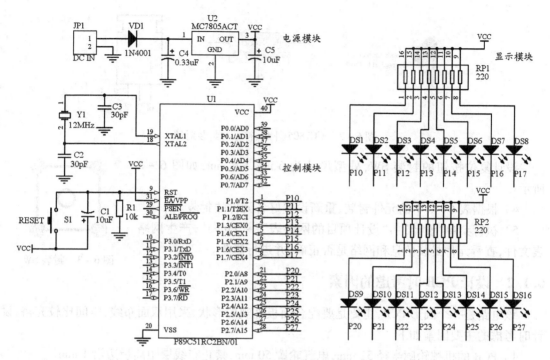

图 6 - 1　流水灯电路原理图

表 6 - 1　流水灯元件参数表

元件类别	元件标号	库元件名	元件所在库	元件封装
电解电容	C1、C4、C5	Cap Pol1	Miscellaneous Devices. InLib	CAPPR2-5×6.8
电容	C2、C3	Cap	Miscellaneous Devices. InLib	RAD-0.1
电阻	R1	Res2	Miscellaneous Devices. InLib	AXIAL-0.4
电排阻	RP1、RP2	Res Pack4	Miscellaneous Devices. InLib	DIP-16
二极管	VD1	Diode 1N4001	Miscellaneous Devices. InLib	DIO10.46-5.3×2.8
发光二极管	DS1-DS16	LED1	Miscellaneous Devices. InLib	LED-1
晶振	X1	XTAL	Miscellaneous Devices. InLib	BCY-W2/D3.1
复位按钮	S1	SW-PB	Miscellaneous Devices. InLib	SW(自制)
接插件	JP1	Header 2H	Miscellaneous Connectors. IntLib	HDR1X2H
集成块	U1	P89C51RC2BN/01	Philips Microcontroller 8-Bit. IntLib	SOT129-1
三端稳压块	U2	MC7805ACT	Motorola Power Mgt Voltage Regulator. IntLib	TO-220H(自制)

6.1.1　设计前的准备

1) 建立项目文件"流水灯. PRJPCB",新建原理图文件,根据图 6 - 1 绘制流水灯电路原理图,元件的参数参考表 6 - 1,并将原理图另存为"流水灯. SCHDOC"。

2) 执行菜单"项目管理"→"Compile PCB Project 流水灯. PRJPCB",对电路进行编译,系统的信息窗口中将显示编译的信息,查看错误信息并修改原理图。若未显示信息窗口,可执行菜单"查看"→"工作区面板"→"System"→"Messages"打开信息窗口。

3) 新建 PCB 库,设计 MC7805 的卧式封装 TO - 220H,相邻焊盘间距 2.54 mm,如图 6 - 2 所示。

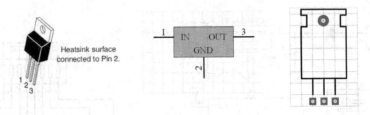

图 6-2　MC7805 外观、符号与封装对照

设计复位按钮的封装 SW,外型尺寸为 6 mm × 6 mm,如图 6-3 所示。

4)根据表 6-1 中的元件封装,重新设置好各元件的封装。

5)执行菜单"设计"→"设计项目的网络表"→"Protel",产生网络表文件,查看元件封装信息和网络是否正确,并进行修改。

图 6-3　封装 SW

6.1.2　设计 PCB 时考虑的因素

该电路是一个圆形 PCB,主要是要配合面板外观的形状,采用双面布线,空间比较充裕,设计时考虑的主要因素如下。

1)PCB 的机械轮廓半径 51 mm,电气轮廓 50 mm,禁止布线层距离板边沿 1 mm。

2)根据产品的基本情况,确定电源插座和复位按钮的位置,并放置 3 个固定安装孔。

3)三端稳压块靠近电源插座,采用卧式放置,为提高散热效果,在顶层对应散热片的位置预留大面积露铜。

4)晶振靠近连接的 IC 引脚放置,采用对层屏蔽法,在底层放置接地覆铜进行屏蔽。

5)由于 16 个发光二极管采用圆形排列,如果通过元件自动布局后再进行手工调整,操作比较复杂,此时可以采用预布局的方式,通过阵列式粘贴,先放置 16 个发光二极管,再载入其他元件。

6)连线线宽:地线网络线宽 0.75 mm,电源网络线宽 0.65 mm,其他网络线宽 0.5 mm。

7)连线转弯采用 45°进行。

6.1.3　元件预布局及载入网络表和元件

1. 规划 PCB

采用公制规划尺寸,PCB 的机械轮廓半径 51 mm,电气轮廓 50 mm。

1)执行菜单"文件"→"创建"→"PCB 文件",新建 PCB,执行菜单"文件"→"保存",将该 PCB 文件保存为"流水灯.PCBDOC"。

2)执行菜单"设计"→"PCB 板选择项",设置单位制为 Metric(公制);设置可视栅格 1、2 分别为 1 mm 和 10 mm,捕获栅格 X、Y 为 0.5 mm,元件网格 X、Y 为 0.5 mm。

3)执行菜单"设计"→"PCB 板层次颜色",设置显示可视栅格 1(Visible Grid1)。

4)执行菜单"工具"→"优先设定",屏幕弹出"优先设定"对话框,选中"Display"选项,在"表示"区中选中"原点标记"复选框,显示坐标原点。

5)执行菜单"编辑"→"原点"→"设定",定义相对坐标原点。

6)用鼠标单击工作区下方的标签,分别将当前工作层设置为 Mechanical1(机械层 1)和

Keep out Layer(禁止布线层)，根据图6-4所示的尺寸，执行菜单"放置"→"圆"，通过放置圆分别定义 PCB 的机械轮廓和电气轮廓。

2. 放置螺钉孔

根据图6-4所示的位置，执行菜单"放置"→"焊盘"，在图示位置放置3个焊盘，双击焊盘，将其 X、Y 尺寸和孔径均设置为3 mm，螺钉孔的焊盘编号均设置为0。

3. 元件预布局

本电路中16个发光二极管采用圆形排列，为提高布局效率，采用预布局的方式，通过阵列式粘贴，事先放置好16个发光二极管。

1) 放置发光二极管。执行菜单"放置"→"元件"，屏幕弹出图6-5所示的"放置元件"对话框，在"封装"中输入"LED-1"，"标识符"中输入"DS1"，"注释"设置为空，单击"确认"按钮，沿水平方向任意放置一个发光二极管 DS1，如图6-6所示。

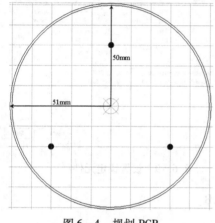

图6-4 规划 PCB

图6-5 放置元件 LED-1

2) 用鼠标单击选中元件 DS1，执行菜单"编辑"→"裁剪"，移动光标到元件 DS1 的两个焊盘中间，单击鼠标左键，将其剪切。

3) LED 预布局。执行菜单"编辑"→"特殊粘贴"，屏幕弹出"特殊粘贴"对话框，单击"粘贴队列"按钮进行阵列式粘贴，屏幕弹出图6-7所示的"设定粘贴队列"对话框。

本电路中在半径为40 mm 的圆上平均放置16个 LED，每个 LED 间旋转22.5°，故在图6-7中设置如下："项目数"设置16(表示放置16个 LED)，"文本增量"设置为1(表示元件标号依次增加1)，"队列类型"选择"圆型"(表示元件圆型排列)，"间距(角度)"设置为22.5°(表示相邻元件之间旋转22.5°)。

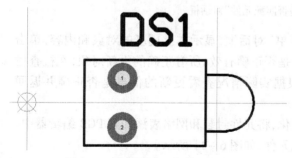

图6-6 放置发光二极管 LED-1

图6-7 "设定粘贴队列"对话框

参数设置完毕单击"确认"按钮,移动光标到图6-4中的坐标原点,单击鼠标左键确定圆心,沿水平轴往右继续移动光标确定圆的半径为40 mm,单击鼠标左键确认放置16个LED,如图6-8所示。

4)锁定预布局。为了防止已经排列好的LED在自动布局时重新布局,必须将这16个LED设置为锁定状态,这样在自动布局时,这些元件的位置不会移动。

双击发光二极管DS1,屏幕弹出"元件属性"对话框,如图6-9所示,在"元件属性"栏中选中"锁定"后的复选框,将该元件锁定。

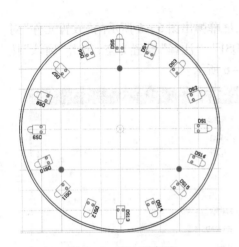

图6-8 PCB预布局

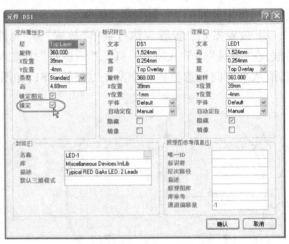

图6-9 设置锁定元件

依次将16个LED设置为锁定状态,最后保存PCB。

4. 从原理图加载网络表和元件到PCB

打开设计好的原理图"流水灯.SCHDOC",执行菜单"设计"→"Update PCB Document 流水灯.PCBDOC",屏幕弹出图6-10所示的"确认是否匹配元件"对话框,单击"Yes"按钮确认匹配元件。

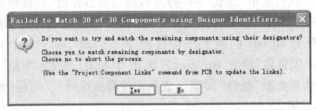

图6-10 "确定是否匹配元件"对话框

单击"Yes"按钮后,屏幕弹出"工程变化订单"对话框,显示本次更新的对象和内容,单击"使变化生效"按钮,系统将自动检查各项变化是否正确有效,所有正确的更新对象,在检查栏内显示"√"符号,不正确的显示"×"符号,根据实际情况查看更新的信息是否正确并返回修改。

单击"执行变化"按钮,系统将接受工程变化,将元件封装和网络表添加到PCB编辑器中,单击"关闭"按钮关闭对话框,系统将自动加载元件,如图6-11所示。

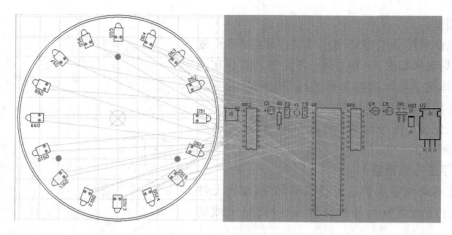

图 6-11 加载元件后的 PCB

6.1.4 元件布局

从网络表中载入元件后,元件排列在电气边界之外,此时需要将它们分开,放置到合适的位置上进行元件布局,用户在进行布局时需要将自动布局和手工布局结合起来使用。

1. 元件自动布局

在进行自动布局前,必须在禁止布线层(Keep out Layer)上先规划电路板的电气边界,然后才能载入网络表文件,预布局的元件必须设定为锁定状态。

执行菜单"工具"→"放置元件"→"自动布局",屏幕弹出"自动布局"对话框,如图 6-12 所示,共有两个复选框,分别是"分组布局"和"统计式布局"。

1)分组布局:根据连接关系将元件分组,然后按照几何关系放置元件组,该方式一般在元件较少的电路中使用,选中"快速元件布局"复选框可以提高元件布局速度。

2)统计式布局:根据统计算法放置元件,以使元件之间的连线长度最短,该方式一般在元件较多的电路中使用。

选中统计布局方式后,屏幕弹出图 6-13 所示的对话框,可以设置电源网络、接地网络和网格尺寸等。

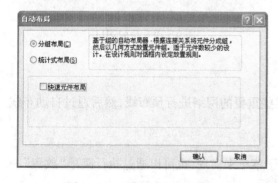

图 6-12 "分组布局"对话框

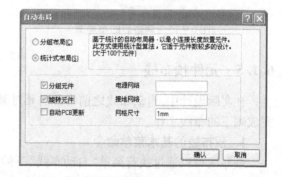

图 6-13 "统计式布局"对话框

设置完毕,单击"确认"按钮,程序开始自动布局,一般情况下每次自动布局的结果各不相同,且自动布局的效果都不是很理想,存在较多不合理的地方,因此在自动布局后还要进行手工布局调整。

本电路采用分组布局,选中"快速元件布局"复选框,布局效果如图6-14所示,各元件之间存在网络飞线,体现节点间连接关系,但它不是实际连线,布线时要用印制导线来代替。

布局结束,执行菜单"编辑"→"删除",删除Room空间。

2. 手工布局调整

手工布局调整主要是通过移动元件、旋转元件等方法合理地调整元件的位置,减少网络飞线的交叉。

移动元件可以通过执行菜单"编辑"→"移动"→"元件"实现,对于处于锁定状态的元件必须先在"元件属性"中去除锁定状态才能移动。

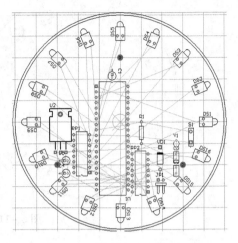

图6-14　完成自动布局的PCB

布局调整结束后,执行菜单"查看"→"显示三维PCB板",显示元件布局的3D视图,观察元件布局是否合理。

手工布局调整后的流水灯电路如图6-15所示,3D视图如图6-16所示。

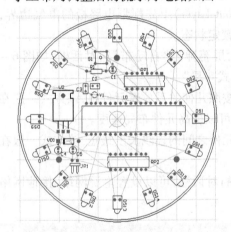

图6-15　调整后的布局图

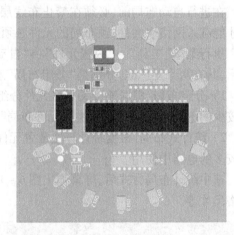

图6-16　布局3D图

6.1.5　元件预布线

在实际设计中,自动布线之前常常需要对某些重要的网络进行预布线,然后通过自动布线完成剩下的布线工作。

1. 预布线的基本菜单命令

预布线可以通过执行菜单"自动布线"下的子菜单来实现,也可以通过执行菜单"放置"→"直线"放置连线,并定义好连线以网络的方式进行。

（1）指定网络自动布线

执行菜单"自动布线"→"网络",将光标移到需要布线的网络上,单击鼠标左键,该网络立即被自动布线。

（2）指定飞线自动布线

执行菜单"自动布线"→"飞线"，将光标移到需要布线的某条飞线上，单击鼠标左键，则该飞线所连接焊盘立即被自动布线。

（3）指定元件自动布线

执行菜单"自动布线"→"元件"，将光标移到需要布线的元件上，单击鼠标左键，则与该元件的焊盘相连的所有飞线立即被自动布线。

（4）指定区域自动布线

执行菜单"自动布线"→"整个区域"，用鼠标拉出一个区域，程序自动完成指定区域内的布线，凡是全部或部分在指定区域内的飞线都将被自动布线。

2. 为三端稳压集成块 U2 放置散热铜箔并设置为露铜

将工作层切换到顶层（Top Layer），执行菜单"放置"→"矩形填充"，沿着 U2 的元件边框外沿放置矩形填充区，注意不能将元件引脚短路。双击矩形填充区，在弹出的对话框中将其网络设置为 GND。

将工作层切换到顶层阻焊层（Top Solder），在刚才放置填充区的同样位置再次放置同样大小的填充区，这样在制板时该填充区不会覆盖阻焊漆，而是露出铜箔。

设置后的 PCB 如图 6 - 17 所示。

3. 为晶振电路设置屏蔽覆铜

由于晶振电路是高频电路，一般应禁止在晶振电路下面的底层（Bottom Layer）走信号线，以免相互干扰。实际制作时可以在晶振电路底层设置接地的铺铜，减少高频噪声。

将工作层切换到底层（Bottom Layer），执行菜单"放置"→"覆铜"，屏幕弹出"覆铜"对话框，设置覆铜参数，具体设置如图 6 - 18 所示，设置完毕单击"确认"按钮，移动光标沿 Y1、C2、C3 的边沿绘制覆铜。

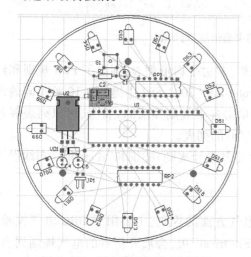

图 6 - 17　预布线后的流水灯 PCB

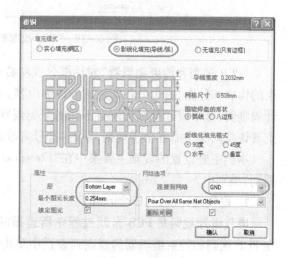

图 6 - 18　覆铜设置

绘制完成的 PCB 如图 6 - 17 所示。

4. 锁定预布线

有些电路在自动布线前已经针对某些网络进行了预布线，如果要在自动布线时保留这些预布线,可以在自动布线器选项中设置锁定所有预布线。

执行菜单"自动布线"→"设定",屏幕弹出"Situs 布线策略"对话框,选中对话框下方的"锁定全部预布线"复选框,锁定全部预布线,单击"OK"按钮退出设置状态。

6.1.6　常用自动布线设计规则设置

在进行自动布线前,首先要设置布线设计规则,布线规则设置的合理性将直接影响到布线的质量和成功率。

设计规则制定后,程序自动监视 PCB,检查 PCB 中的图件是否符合设计规则,若违反了设计规则,将以高亮显示错误内容。

执行菜单"设计"→"规则",屏幕弹出"PCB 规则和约束编辑器"对话框,如图 6 - 19 所示。

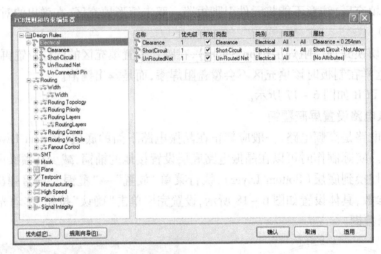

图 6 - 19　"PCB 规则和约束编辑器"对话框

"PCB 规则和约束编辑器"对话框分成左右两栏,左边是树形列表,列出了 PCB 规则和约束的构成和分支,右边是各类规则的详细内容。Protel DXP 2004 SP2 中提供有 10 种不同的设计规则类,每个设计规则类还有不同的分类规则,单击各个规则类前的◫符号,可以列表展开查看该规则类中的各个子规则,单击◪符号则收起展开的列表。

本例中要设置的规则主要集中在"Electrical"(电气设计规则)类别和"Routing"(布线设计规则)类别中。

1. 电气设计规则(Electrical)

电气设计规则是 PCB 布线过程中所遵循的电气方面的规则,主要用于 DRC 电气校验。在 PCB 规则和约束编辑器的规则列表栏中单击"Electrical"项,会展开所有的电气规则列表,如图 6 - 19 所示,共包含了 4 个子规则。

(1) Clearance(安全间距规则设置)

安全间距规则用于设置 PCB 上不同网络的导线、焊盘、过孔及覆铜等导电图形之间的最小间距。通常情况下安全间距越大越好,但是太大的安全间距会造成电路布局不够紧凑,增加PCB 的尺寸,提高制板成本。

安全间距通常设置为 10 ~ 20 mil(0.254 ~ 0.508 mm)。

用鼠标左键单击图 6 - 19 中的"Clearance"规则,系统默认一个名称为"Clearance"的子规则,单击该规则名称,编辑区右侧区域将显示该规则的属性设置信息,如图 6 - 20 所示。

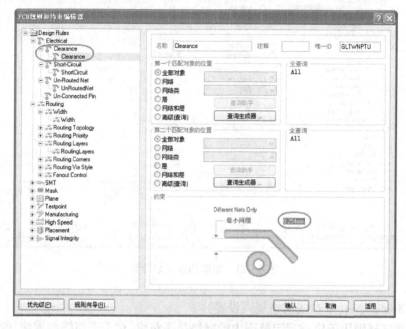

图 6 - 20   安全间距规则设置

从图中可以看出系统默认的安全间距为 0.254 mm(10 mil),用户可以根据实际需要自行设置安全间距。

在两个"匹配对象的位置"区中,可以设置规则适用的对象范围:"全部对象",包括所有的网络和工作层;"网络",可在其后的下拉列表框中选择适用的网络;"网络类",可在其后的下拉列表框中选择适用的网络类;"层",可在其后的下拉列表框中选择适用的工作层;"网络和层",可在其后的下拉列表框中选择适用的网络和工作层。

设定安全间距一般依赖于布线经验,在板的密度不高的情况下,最小间距可设置大一些。最小间距的设置会影响到印制导线走向,用户应根据实际情况调节。

(2) ShortCircuit(短路约束规则设置)

短路约束规则用于设置 PCB 上的导线等对象是否允许短路。单击图 6 - 19 中的"Short-Circuit"规则,系统默认一个名称为"Short Circuit"的子规则,单击该规则名称,编辑区右侧区域将显示该规则的属性设置信息,如图 6 - 21 所示。

从图中可以看出系统默认的短路约束规则是不允许短路。但在一些特殊的电路中,如带有模拟地和数字地的模数混合电路,在设计时,这两个地是属于不同网络的,但在电路设计完成之前,设计者必须将这两个地在某一点连接起来,这就需要允许短路存在。为此可以针对两个地线网络单独设置一个允许短路的规则,在两个"匹配对象的位置"区中分别选中数字地和模拟地,然后选中"允许短回路"复选框即可。

一般情况下短路约束规则设置为不允许短路。

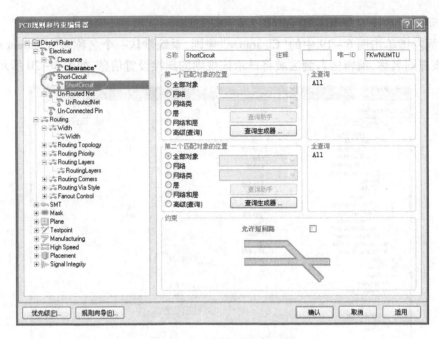

图 6-21　短路约束规则设置

（3）UnRouted Net（未布线网络规则设置）

未布线网络规则用于检查指定范围内的网络是否布线,对于未布线的网络,使其仍保持飞线。一般使用系统默认的规则,即适用于整个网络。

（4）Un-Connected Pin（未连接引脚规则设置）

未连接引脚规则用于检查指定范围内的元件封装引脚是否均已连接到网络,对于未连接的引脚给予警告提示,显示为高亮状态,系统默认状态为无此规则。

由于系统设置了自动 DRC 检查,当出现违反上述规则的情况时,违反规则的对象将高亮显示。

2. 布线设计规则（Routing）

在 PCB 规则和约束编辑器的规则列表栏中单击"Routing"项,系统展开所有的布线设计规则列表,如图 6-19 所示,共包含了 7 个子规则,主要的子规则说明如下。

（1）Width（导线宽度限制规则）

导线宽度限制规则用于设置自动布线时印制导线的宽度范围,可以定义最小宽度（Min Width）、最大宽度（Max Width）和优选尺寸（Preferred Width）,单击每个宽度栏并键入数值即可对其进行设置,如图 6-22 所示。

图中的"第一个匹配对象的位置"区中可以设置规则适用的范围,"约束"区用于设置布线线宽的大小范围。

在实际使用中,通常会针对不同的网络设置不同的线宽限制规则,特别是地线网络的线宽,此时可以建立新的线宽限制规则。下面以新增线宽为 0.75 mm 的 GND 网络限制规则为例介绍设置方法。

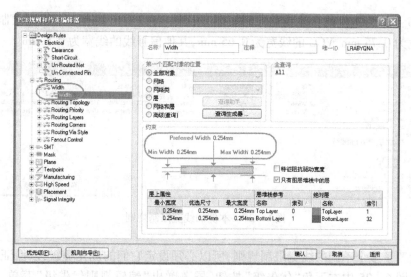

图 6 - 22　线宽限制规则设置

用鼠标右键单击"Width"子规则,系统将自动弹出一个菜单,如图 6 - 23 所示,选中"新建规则"子菜单,系统将自动增加一个线宽限制规则"Width_1",在"第一个匹配对象的位置"区中选中"网络"前的复选框,在其后的下拉列表框中选中网络"GND",在"约束"区设置 Min Width、Max Width 和 Preferred Width 均为 0.75 mm,参数设置完毕单击"适用"按钮确认设置,如图 6 - 24 所示。

图 6 - 23　新建规则菜单

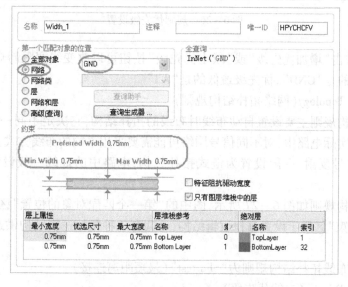

图 6 - 24　设置地线线宽限制规则

若要删除规则,可用鼠标右键单击要删除的规则,选择子菜单"删除规则",将该规则删除。

一个电路中可以针对不同的网络设定不同的线宽限制规则,对于电源和地设置的线宽一般较粗,图 6-25 为本例的布线线宽限制规则,从图中可以看出共有 3 个线宽限制规则,其中 GND 的线宽为 0.75 mm,VCC 的线宽为 0.65 mm,其他信号线的线宽为 0.5 mm。

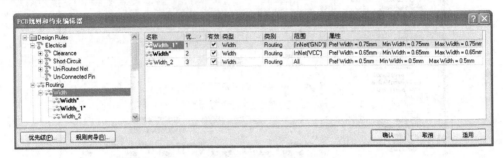

图 6-25　本例的线宽限制规则

由于设置了多个不同的线宽限制规则,所以必须设定它们的优先等级,以保证布线的正常进行。单击图 6-25 中左下角"优先级"按钮,屏幕弹出"编辑规则优先级"菜单,如图 6-26 所示。

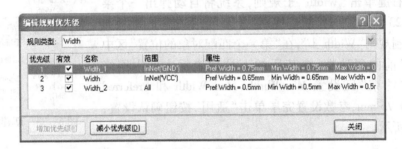

图 6-26　规则优先级设置

选中规则,单击"增加优先级"或"减小优先级"按钮可以改变线宽限制规则的优先级,本例中优先级最高的是"GND",优先级最低的是"All"。

(2) Routing Topology(网络拓扑结构规则)

网络拓扑结构规则主要设置自动布线时布线的拓扑结构,它决定了同一网络内各节点间的走线方式。在实际电路中,对不同信号网络可能需要采用不同的布线方式。例如,高速电路要求尽量减小信号反射,一般设置为链式拓扑结构;电路中的地线一般设置为星形拓扑结构等。

网络拓扑结构规则如图 6-27 所示,图中的"第一个匹配对象的位置"区中可以设置规则适用的范围,"约束"区用于设置拓扑逻辑结构,一共有 7 种拓扑逻辑结构供选择,具体内容如图 6-28 所示。

系统默认的布线拓扑结构规则为"Shortest"(最短距离连接)。

(3) Routing Priority(布线优先级)

布线优先级规则用于设置布线的优先级,在自动布线过程中,具有较高布线优先级的网络会被优先布线。优先级别可以是 0~100 之间的数字,数字越大,优先级越高,如图 6-29 所示。

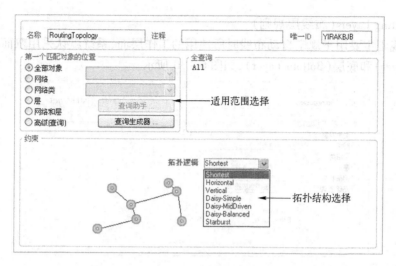

图 6 - 27　网络拓扑结构规则设置对话框

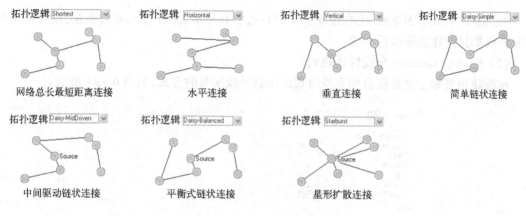

图 6 - 28　7 种拓扑逻辑结构

图 6 - 29　布线优先级设置

图中的"第一个匹配对象的位置"区中可以设置规则适用的范围,"约束"区用于设置布线优先等级。

（4）Routing Layers（布线层规则）

布线层规则主要用于规定自动布线时所使用的工作层面，系统默认采用双面布线，即选中顶层（Top Layer）和底层（Bottom Layer），如图 6 – 30 所示。

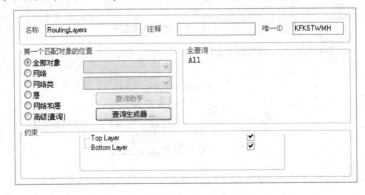

图 6 – 30　布线层设置

如果要设置成单面布线，则在图 6 – 30 中只选中 Bottom Layer 作为布线板层，这样所有的印制导线都只能在底层进行布线。

（5）Routing Corners（布线转角规则）

布线转角规则主要是在自动布线时规定印制导线拐弯的方式，如图 6 – 31 所示。

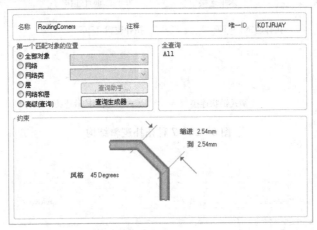

图 6 – 31　布线转角规则设置

在"约束"区内的"风格"选项用于选择导线拐弯的方式，在下拉列表框中可以选择 3 种拐弯方式：45°拐弯、90°拐弯和圆弧拐弯（Rounded）。

"缩进"选项用于设置导线最小拐角大小，如果是 90°拐弯，没有此项；如果是 45°拐弯，表示拐角的高度；如果是圆弧拐角，则表示圆弧的半径。

"到"选项用于设置导线最大拐角大小。

默认情况下，规则适用于全部对象。

（6）Routing Via Style（过孔类型规则）

过孔类型规则用于设置自动布线时所采用的过孔类型，可以设置规则适用的范围和过孔尺寸，如图 6 – 32 所示。

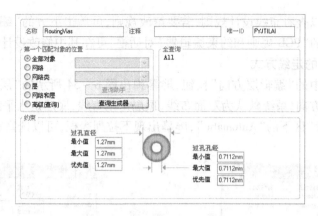

图 6 – 32　过孔类型规则设置对话框

过孔在设计双面以上的板中使用,设计单面板时无需设置过孔类型规则。

本例中布线设计规则设置主要内容如下。

安全间距规则设置:0. 254 mm,适用于全部对象;短路约束规则:不允许短路;导线宽度限制规则:GND 的线宽为 0. 75 mm,VCC 的线宽为 0. 65 mm,其他信号线的线宽为 0. 5 mm,优先级依次降低;布线层规则:双面布线;布线转角规则:45°拐弯;其他规则选择默认。

6.1.7　自动布线

布线规则设置完毕,就可以利用 Protel DXP 2004 SP2 提供的自动布线功能进行自动布线。

在 PCB 设计界面中,执行菜单"自动布线"→"全部对象",屏幕弹出"Situs 布线策略"对话框,如图 6 – 33 所示。

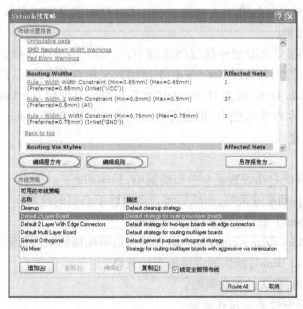

图 6 – 33　"Situs 布线策略"对话框

1. 查看已设置的布线设计规则

图 6 – 33 中的"布线设置报告"区中显示的是当前已设置的布线设计规则,用鼠标拖动该

区右侧的拖动条可以查看布线设计规则,若要修改规则,可单击下方的"编辑规则"按钮,屏幕弹出图6-19所示的"PCB规则和约束编辑器"对话框,可在其中修改设计规则。

2. 设置布线层的走线方式

单击图6-33中的"编辑层方向"按钮,屏幕弹出图6-34所示的"层方向"对话框,可以设置布线层的走线方向,系统默认为双面布线,顶层走垂直线,底层走水平线。

单击"当前设置"区下的"Automatic",屏幕出现下拉列表框,可以选择布线层的走线方向,如图6-35所示。

图6-34 "层方向"对话框

图6-35 选择布线层走线方式

图中下拉列表框中内容说明如下。

Not Used:不使用本层

Vertical:本层垂直布线

1~5 O″Clock:1~5 点钟方向布线

45 Down:向下45°方向布线

Automatic:自动设置

Horizontal:本层水平布线

Any:本层任意方向布线

45 Up:向上45°方向布线

Fan Out:散开方式布线

布线时应根据实际要求设置布线层的走线方式,如采用单面布线,设置 Bottom Layer 为 Any(底层任意方向布线)、其他层 Not Used(不使用);采用双面布线时,设置 Top Layer 为 Vertical(垂直布线),Bottom Layer 层为 Horizontal(水平布线),其他层 Not Used(不使用)。

一般在两层以上的 PCB 布线中,布线层的走线方式可以选择 Automatic,系统会自动设置相邻层采用正交方式走线。

3. 布线策略

在图6-33中,系统自动设置了6个布线策略,具体如下。

Cleanup:默认的自动清除策略,布线后将自动清除不必要的连线;

Default 2 Layer Board:默认的双面板布线策略;

Default 2 Layer With Edge Connectors:默认的带边沿接插的双面板布线策略;

Default Multi Layer Board:默认的多层板布线策略;

General Orthogonal:默认的正交策略;

Via Miser:多层板布线最少过孔策略。

用户如果要追加布线策略,可单击"布线策略"区下方的"追加"按钮进行设置,主要有以下几项。

Memory:适用于存储器元件的布线;

Fan Out Signal/Fan out to Plane：适用于 SMD 焊盘的布线；

Layers Pattern：智能性决定采用何种算法用于布线，以确保布线成功率；

Main/Completion：采用推挤布线方式。

用户可以根据需要自行添加布线策略，在实际自动布线时，为了确保布线的成功率，可以多次调整布线策略，以达到最佳效果。

4. 自动布线

为了保留前面进行的预布线，在自动布线之前应选中图 6-33 中的"锁定全部预布线"前的复选框锁定预布线。

单击图 6-33 中的"Route All"按钮对整个电路板进行自动布线，系统弹出"Messages"窗口显示当前布线进程，如图 6-36 所示。

Class	Document	Source	Message	Time	Date	No.
Situs Ev...	流水灯（预...	Situs	Routing Started	22:40:29	2008-11-...	1
Routing ...	流水灯（预...	Situs	Creating topology map	22:40:31	2008-11-...	2
Situs Ev...	流水灯（预...	Situs	Starting Fan out to Plane	22:40:31	2008-11-...	3
Situs Ev...	流水灯（预...	Situs	Completed Fan out to Plane in 0 Seconds	22:40:31	2008-11-...	4
Situs Ev...	流水灯（预...	Situs	Starting Memory	22:40:31	2008-11-...	5
Situs Ev...	流水灯（预...	Situs	Completed Memory in 0 Seconds	22:40:31	2008-11-...	6
Situs Ev...	流水灯（预...	Situs	Starting Fan out Signal	22:40:31	2008-11-...	7
Situs Ev...	流水灯（预...	Situs	Completed Fan out Signal in 0 Seconds	22:40:31	2008-11-...	8
Situs Ev...	流水灯（预...	Situs	Starting Layer Patterns	22:40:31	2008-11-...	9
Routing ...	流水灯（预...	Situs	37 of 71 connections routed (52.11%) in 2 Seconds	22:40:31	2008-11-...	10
Situs Ev...	流水灯（预...	Situs	Completed Layer Patterns in 0 Seconds	22:40:32	2008-11-...	11
Situs Ev...	流水灯（预...	Situs	Starting Main	22:40:32	2008-11-...	12
Routing ...	流水灯（预...	Situs	70 of 71 connections routed (98.59%) in 1 Minute 0 Seconds 4 conten...	22:41:29	2008-11-...	13

图 6-36　自动布线信息

一般自动布线的效果不能完全满足用户的要求，用户可以先观察布线中存在的问题，然后撤消布线，调整元件栅格，适当微调元件的位置，再次进行自动布线，直到达到比较满意的效果。

自动布线后的效果如图 6-37 所示，显然存在环绕和部分区域布线过密的问题。

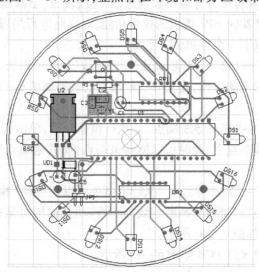

图 6-37　自动布线后的流水灯 PCB

6.1.8 手工调整布线

Protel DXP 2004 SP2 自动布线的布通率很高,但由于自动布线采用拓扑规则,有些地方不可避免会出现一些较机械的布线方式,影响了印制电路板的性能。

1. 布线调整

调整布线常常需要拆除以前的布线,PCB 编辑器中提供有自动拆线功能和撤销功能,当设计者对自动布线的结果不满意时,可以使用该工具拆除电路板图上的铜膜线而只剩下网络飞线。

(1) 撤销操作

PCB 编辑器中提供有撤销功能,撤销的次数可以设置。单击主工具栏图标 ,可以撤销本次操作。撤销操作的次数可以执行菜单"工具"→"优先设定",在"General"选项卡的"其他"区的"取销/重做"栏中设置。

通过撤销操作,用户可以根据布线的实际情况考虑是否保留当前的内容,如果要恢复前次的操作,可以单击主工具栏图标 。

(2) 自动拆线

该功能可以拆除自动布线后的铜膜线,将布线后的铜膜线恢复为网络飞线,这样便于用户进行调整,它是自动布线的逆过程。自动拆线的菜单命令在"工具"→"取消布线"的子菜单中,主要如下。

全部对象:拆除电路板图上所有的铜膜线;

网络:拆除指定网络的铜膜线;

连接:拆除指定的两个焊盘之间的铜膜线;

元件:拆除指定元件所有焊盘所连接的铜膜线;

Room 空间:拆除指定 Room 空间内元件连接的铜膜线。

2. 拉线技术

在自动布线结束后,常有部分连线不够理想,若连线较长,全部删除后重新布线比较麻烦,此时可以采用 Protel DXP 2004 SP2 提供的拉线功能,对线路进行局部调整。

拉线功能可以通过以下 3 个菜单命令实现。

1)"编辑"→"移动"→"建立导线新端点"。执行该命令可以将连线截成两段,以便删除某段线或进行某段连线的拖动操作,建立导线新端点的效果如图 6-38 所示,图中图元的显示效果选择为草图(Draft)。

2)"编辑"→"移动"→"拖动导线端点"。执行该命令后,单击要拖动的连线,光标自动滑动至离单击处较近的导线端点上,此时可以拖动该端点,而其他端点则原地不动,拖动导线的效果如图 6-39 所示。

3)"编辑"→"移动"→"重布导线"。执行该命令可以用拖拉"橡皮筋"的方式移动连线,选好转折点后单击鼠标左键,将自动截断连线,此时移动光标即可拖拉连线,而连线的两端固定不动,重布导线的效果如图 6-40 所示。

手工布线调整后的流水灯 PCB 如图 6-41 所示。

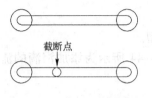

图6-38　建立导线新端点

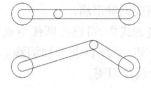

图6-39　拖动导线端点

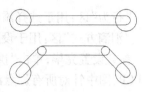

图6-40　重布导线

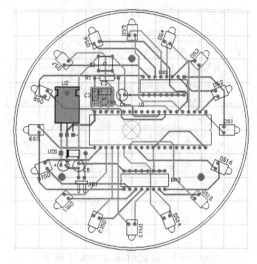

图6-41　手工调整后的流水灯PCB

6.1.9　泪滴的使用

所谓泪滴,就是在印制导线与焊盘或过孔相连时,为了增强连接的牢固性,在连接处逐渐加大印制导线宽度。采用泪滴后,印制导线在接近焊盘或过孔时,线宽逐渐放大,形状就象一个泪滴,如图6-42所示。

添加泪滴时要求焊盘要比线宽大,一般在印制导线比较细时可以添加泪滴。

设置泪滴的步骤如下。

1)选取要设置泪滴的焊盘或过孔。

2)执行菜单"工具"→"泪滴焊盘",屏幕弹出"泪滴选项"对话框,如图6-43所示,具体设置如下。

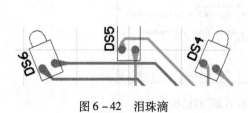

图6-42　泪珠滴

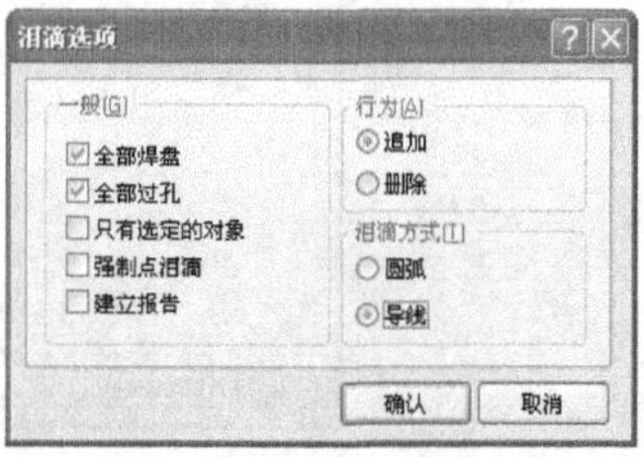

图6-43　"泪滴选项"对话框

"一般"区:用于设置泪滴作用的范围,有"全部焊盘"、"全部过孔"、"只有选定的对象"、"强制点泪滴"及"建立报告"5个选项,根据需要单击各选项前的复选框,则该选项被选中。

"行为"区:用于选择添加泪滴或删除泪滴。

"泪滴方式"区:用于设置泪滴的式样,可选择圆弧型或导线型。

参数设置完毕,单击"确认"按钮,系统自动添加泪滴。图 6 - 44 所示为添加泪滴的流水灯 PCB,图中针对所有焊盘添加导线型泪滴。

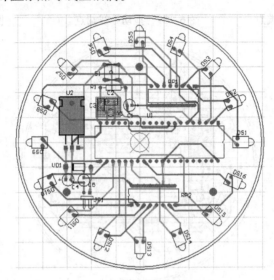

图 6 - 44　设置泪滴的流水灯 PCB

至此,流水灯 PCB 设计完毕,用户可以通过 3D 图查看 PCB 总体结果是否合理。

6.1.10　设计规则检查

自动布线结束后,用户可以使用设计规则检查功能对布好线的电路板进行检查,确定布线是否正确、是否符合已设定的设计规则要求。

执行菜单"工具"→"设计规则检查",屏幕弹出"设计规则检查器"对话框,如图 6 - 45 所示。

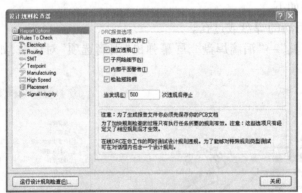

图 6 - 45　"设计规则检查器"对话框

该对话框主要由两个窗口组成,左边窗口主要由"Report Options"(报告内容设置)和"Rules To Check"(检查规则设置)两项内容组成,选中前者则右边窗口中显示 DRC 报告的内容,可自行勾选;选中后者则右边窗口显示检查的规则(在进行自动布线时已经进行设置),有"在线"和"批处理"两种检查方式。若选中"在线",系统将进行实时检查,在放置和移动对象时,程序自动根据规则进行检查,一旦发现违规将高亮度显示违规内容。

各项规则设置完毕,单击"运行设计规则检查"按钮进行检测,系统将弹出"Message"窗口,如果 PCB 有违反规则的问题,将在窗口中显示错误信息,同时在 PCB 上高亮显示违规的对象,并生成一个报告文件,扩展名为". DRC",用户可以根据违规信息对 PCB 进行修改。

流水灯的设计规则检查报告如下,报告中有多处违规错误("【"和"】"中的内容为编者添加的说明文字,实际不存在),用户必须根据实际情况分析是否需要修改。

Protel Design System Design Rule Check

PCB File ：\PROTEL2004\流水灯 . PcbDoc

Date ： 2008 – 11 – 20

Time ： 20:59:57

Processing Rule ：Hole Size Constraint (Min = 0. 0254 mm) (Max = 2. 54 mm) (All)【孔尺寸限制】

  Violation   Pad Free – 2(30 mm, – 20 mm) Multi-Layer Actual Hole Size ＝ 3 mm

  Violation   Pad Free – 1(– 30 mm, – 20 mm) Multi-Layer Actual Hole Size ＝ 3 mm

  Violation   Pad Free – 0(– 0 mm, 30 mm) Multi-Layer Actual Hole Size ＝ 3 mm

Rule Violations ：3【违规数:3】(三个定位孔的直径为3mm,超过规则的最大值 2. 54 mm,可忽略)

Processing Rule ：Clearance Constraint (Gap = 0. 254 mm) (All), (All)【间距限制】

  Violation between Pad U1 – 14(– 0. 89 mm, 7. 62 mm) Multi-Layer and

               Track (0. 3 mm, 6. 5 mm)(0. 3 mm, 9. 6 mm) Bottom Layer

Rule Violations ：1   【违规数:1】(焊盘 U1 – 14 脚与线之间的间距 < 0. 254 mm,违规处需修改)

Processing Rule ：Broken-Net Constraint ((All))【未通网络限制】

  Rule Violations ：0   【违规数:0】

Processing Rule ：Short-Circuit Constraint (Allowed = No) (All), (All)【短路限制】

Rule Violations ：0   【违规数:0】

Processing Rule ：Width Constraint (Min = 0. 75 mm) (Max = 0. 75 mm) (Preferred = 0. 75mm) (InNet ('GND'))【线宽限制】

  Violation Polygon Arc (– 16 mm, 13. 73 mm) Bottom Layer Actual Width ＝ 0. 2032 mm

  Violation ......

Rule Violations ：134   【违规数:134】(覆铜中的线过细,违反线宽限制规则,不影响正常工作,可忽略)

Processing Rule ：Width Constraint (Min = 0. 65 mm) (Max = 0. 65 mm) (Preferred = 0. 65 mm) (InNet ('VCC'))【线宽限制】

Rule Violations ：0   【违规数:0】

Processing Rule ：Width Constraint (Min = 0. 5 mm) (Max = 0. 5 mm) (Preferred = 0. 5 mm) (All) 【线宽限制】

Rule Violations ：0   【违规数:0】

Violations Detected ：138   【违规检测到138 处】

Time Elapsed   ： 00:00:06

6.2 高频 PCB——单片调频发射电路设计

本节通过单片调频发射电路介绍高频 PCB 的设计方法。

6.2.1 电路原理

电路采用单片调频发射芯片 MC2833 进行设计,芯片内部包括传声器放大器、压控振荡器及晶体管等电路,芯片 MC2833 如图 6 - 46 所示,单片调频发射电路如图 6 - 47 所示。

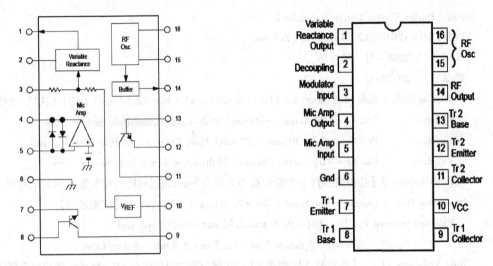

图 6 - 46　MC2833 内部框图与引脚图

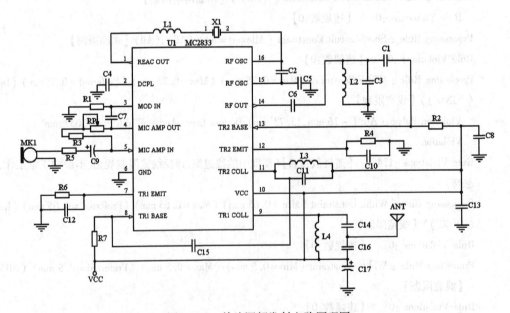

图 6 - 47　单片调频发射电路原理图

调频发射电路采用晶体振荡,晶振使用基频模式,声音信号通过传声器转换为电信号由第5脚输入集成块内部的放大器进行音频放大和调制,射频信号由集成块的第14脚输出,通过C1耦合由第13脚进入内部的晶体管V2进行2倍频后由第11脚输出,输出信号经过C15耦合进入内部的晶体管V1进行放大,放大后的信号由第9脚输出至发射天线。

6.2.2 设计前的准备

在进行高频板设计前,必须先设计库中不存在的元件图形和元件封装,并根据实际情况为元件重新定义封装。

1. 绘制原理图元件

电路中的单片调频发射芯片 MC2833 虽然 Protel DXP 2004 SP2 的库中有提供,但尺寸过小,线路连接时不够美观,需要自行设计该元件的符号。MC2833 的元件尺寸 170 mil × 250 mil,相邻元件引脚间距 30 mil,元件引脚名及引脚排列参考图 6 - 47。

电位器的符号 Protel DXP 2004 SP2 的库中虽有,但与国标不符,可以复制 RES2 的图形再增加滑动端的方式新建电位器 POT3。

2. 元件封装设计

1) 立式电阻封装图形:焊盘中心间距 100 mil,焊盘尺寸 60 mil,封装名 AXIAL-0.1,如图 6 - 48 所示。

2) 电解电容封装图形:焊盘中心间距 100 mil,焊盘尺寸 60 mil,元件外形半径 100 mil,封装中阴影部分的焊盘为电解电容负极,封装名 RB.1/.2,如图 6 - 49 所示。

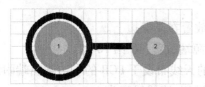

图 6 - 48　立式电阻封装 AXIAL-0.1

图 6 - 49　电解电容封装 RB.1/.2

3) 电感封装图形:电感采用 8 mm × 8 mm 的屏蔽电感,相邻焊盘中心间距 3mm,上下两排焊盘中心间距 6 mm,焊盘尺寸 1.524 mm,封装名 INDU,如图 6 - 50 所示。

4) 电位器封装图形:相邻焊盘中心间距 3 mm,焊盘尺寸 1.524 mm,封装名 VR,如图 6 - 51 所示。

图 6 - 50　电感线圈封装 INDU

图 6 - 51　电位器封装 VR

3. 原理图设计

根据图 6 - 47 绘制电路原理图,并进行编译检查,元件的参数如表 6 - 2 所示。

表 6-2 单片调频发射电路元件参数表

元件类别	元件标号	库元件名	元件所在库	元件封装
电解电容	C9、C17	Cap Pol1	Miscellaneous Devices. InLib	RB. 1/. 2(自制)
电容	C1-C8、C10-C16	Cap	Miscellaneous Devices. InLib	RAD-0. 1
电阻	R1-R7	Res2	Miscellaneous Devices. InLib	AXIAL-0. 1(自制)
传声器	MK1	MIC2	Miscellaneous Devices. InLib	PIN2
电位器	Rp	POT3	自制	VR(自制)
集成块	U1	MC2833	自制	DIP-16
天线	ANTENNA	ANT	Miscellaneous Devices. InLib	PIN1
电感	L1-L4	Inductor	Miscellaneous Devices. InLib	INDU(自制)
晶振	X1	XTAL	Miscellaneous Devices. InLib	BCY-W2/D3. 1

将自行设计的元件封装库设置为当前库,依次将原理图中的元件封装修改为表中的封装形式,并将原来元件自带的封装删除,最后将文件保存为"单片调频发射电路. SCHDOC"。

6.2.3 设计 PCB 时考虑的因素

该电路采用双面板进行设计,设计时考虑的主要因素如下。

1)PCB 的尺寸 50 mm × 40 mm。

2)由于是高频电路,为减小寄生电容和电感的影响,将顶层作为地平面,采用多点接地法。

3)晶振靠近连接的 IC 引脚放置,振荡回路就近放置在晶振边上。

4)集成电路电源端的滤波电容 C13 尽量靠近电源端放置(IC 第 10 脚)。

5)音频输入的传声器布设于 PCB 的左边,发射的天线布设于 PCB 的右边输出端附近。

6)顶层作为地平面,除地线外,其他连线在底层进行,连线线宽为 1mm。

7)连线转弯采用 45°进行。

6.2.4 PCB 自动布局及调整

1. 规划 PCB

1)新建 PCB,并将文件保存为"单片调频发射电路. PCBDOC"。

2)设置单位制为 Metric(公制);设置可视栅格 1、2 分别为 1 mm 和 10 mm;捕获栅格 X、Y 和元件网格 X、Y 均为 0. 5 mm,并将可视栅格 1(Visible Grid1)设置为显示状态。

3)设置坐标原点为显示状态。

4)在 Keep out Layer(禁止布线层)上定义 PCB 的电气轮廓,尺寸为 50 mm × 40 mm。

2. 从原理图加载网络表和元件到 PCB

打开设计好的原理图文件"单片调频发射电路. SCHDOC",执行菜单"设计"→"Update PCB Document 单片调频发射电路. PCBDOC",屏幕弹出"确认是否匹配元件"对话框,单击"Yes"按钮确认匹配元件,屏幕弹出"工程变化订单"对话框,显示本次更新的对象和内容,单击"使变化生效"按钮,系统将自动检查各项变化是否正确有效,所有正确的更新对象,在检查栏内显示"√"符号,不正确的显示"×"符号,根据实际情况查看更新的信息是否正确。单击

"执行变化"按钮,系统将接受工程变化,将元件封装和网络表添加到 PCB 编辑器中,单击"关闭"按钮关闭对话框,系统将自动加载元件。

3. 元件自动布局

从网络表中载入元件后,元件排列在布线框外,此时需要将它们放置到合适的位置上,进行元件布局。

执行菜单"工具"→"放置元件"→"自动布局",屏幕弹出"自动布局"对话框,选择"分组布局",选中"快速元件布局"复选框,系统开始自动布局,布局效果如图 6 - 52 所示。

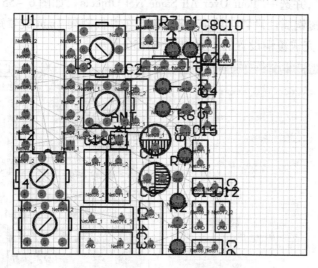

图 6 - 52　完成自动布局的电路板

4. 手工布局调整

手工布局调整主要是通过移动元件、旋转元件等方法合理调整元件的位置,减少网络飞线的交叉,布局调整应根据布局原则进行。

布局调整结束后,执行菜单"查看"→"显示三维 PCB 板",显示元件布局的 3D 视图,观察元件布局是否合理。

手工布局调整后的电路如图 6 - 53 所示,3D 视图如图 6 - 54 所示。

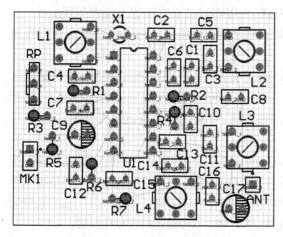

图 6 - 53　调整后的布局图

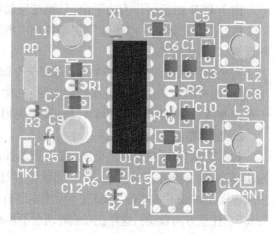

图 6 - 54　布局的 3D 图

6.2.5　地平面的设置

由于单片调频发射电路的工作频率为76MHz,频率较高,在布线时要考虑分布参数的影响,为减小分布参数的影响,将顶层作为地平面,采用多点接地方法进行布线。

用鼠标单击工作区下方的标签,将当前工作层设置为TOP Layer(顶层),执行菜单"放置"→"覆铜",系统弹出"覆铜"属性对话框,设置"填充模式"为"实心填充(铜区)",设置"连接到的网络"为"GND",并选中"Pour Over All Same Net Objects",如图6-55所示,设置完毕,单击"确认"按钮完成覆铜属性设置。单击鼠标左键,在离板四周1mm放置矩形覆铜,放置完毕单击鼠标右键退出,完成覆铜设置的PCB如图6-56所示。

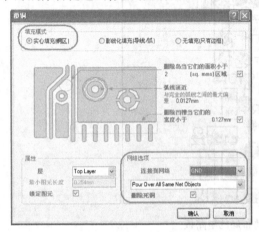

图6-55　设置覆铜

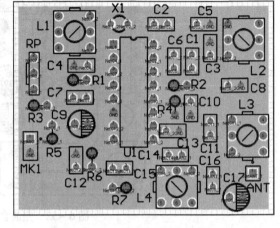

图6-56　放置覆铜作为地平面

从图6-56中可以看出,所有的GND网络均连接在顶层的覆铜上,实现了高频电路中就近多点接地的原则。

6.2.6　PCB自动布线及调整

1. 自动布线规则设置

由于PCB的顶层作为地平面,只能在底层布线,所以布线层规则设置不选中顶层。

执行菜单"设计"→"规则",屏幕弹出"PCB规则和约束编辑器"对话框,进行自动布线规则设置,具体内容如下。

安全间距规则设置:0.254 mm,适用于全部对象;短路约束规则:不允许短路;导线宽度限制规则:所有线宽均为1 mm;布线层规则:选中Bottom Layer,去除Top Layer的选中状态,相当于单面布线;布线转角规则:45°转弯;其他规则选择默认,单击"确认"按钮完成设置。

2. 自动布线

执行菜单"自动布线"→"全部对象",屏幕弹出"Situs布线策略"对话框,单击"编辑层方向"按钮,屏幕弹出"层方向"对话框,单击"当前设置"区下的"Top Layer"后的"Automatic",屏幕出现下拉列表框,选中其中的"Not Used"(不使用本层);单击"Bottom Layer"后的"Automatic",选中其中的"Any"(任意方向布线),这样在布线时顶层不再布线,所有除地以外的连线都布在底层。

由于违反了两面走线正交原则,系统会出现警告信息,忽略该信息。

选中"锁定全部预布线"前的复选框锁定预布线,单击"Route All"按钮对整个电路板进行自动布线,系统弹出"Messages"窗口显示当前布线进程,自动布线后的效果如图 6-57 所示,图中 R7 存在锐角走线,影响电气性能,ANT 的连线出现绕行等情况,需要进行手工调整。

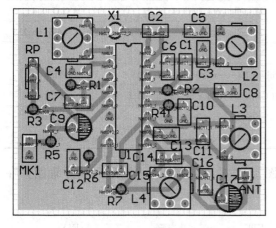 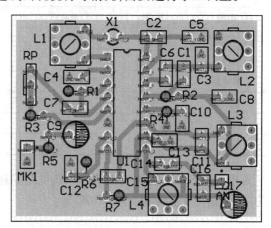

图 6-57　自动布线后的 PCB　　　　　图 6-58　手工调整后的 PCB

3. 手工布线调整

执行菜单"工具"→"取消布线"→"元件",拆除需要调整的元件上的连线;修改元件网格为 0.05mm,适当微调元件位置;将工作层切换到 Bottom Layer,并对拆除连线的重新进行布线;将工作层切换到 TOP Layer,双击"覆铜"重新更新覆铜。

手工调整后的 PCB 如图 6-58 所示,至此单片调频发射电路 PCB 设计结束。

6.3　模数混合 PCB——模拟信号采集电路设计

本节通过模拟信号采集电路介绍模数混合电路的设计方法,掌握模拟地和数字地的处理方法。

6.3.1　电路原理

模拟信号采集电路实现的功能是采集模拟信号,并在数码管上显示出来。由 AD0804 采样模拟电压,经过 A/D 转换后,输出 8 位数字信号给单片机 8051,再由 8051 处理后送到共阳的七段数码管进行显示,电源采用稳定的 5V 输入,电路如图 6-59 所示。

6.3.2　设计前的准备

在进行模拟信号采集电路设计前,必须先设计库中不存在的元件图形和元件封装,原理图中电位器的符号参照上节介绍的方法设计,元件名设置为 POT3;电解电容封装 RB.1/.2 与上节中使用的相同。元件的参数如表 6-3 所示。

表 6-3　模数混合电路元件参数表

元件类别	元件标号	库元件名	元件所在库	元件封装
电解电容	C3、C5	Cap Pol1	Miscellaneous Devices. InLib	RB.1/.2(自制)
电容	C1、C2、C4、C6	Cap	Miscellaneous Devices. InLib	RAD-0.1

元件类别	元件标号	库元件名	元件所在库	元件封装
三极管	V1、V2、V3	2N3904	Miscellaneous Devices. InLib	BCY – W3/E4
电阻	R1-R8	Res2	Miscellaneous Devices. InLib	AXIAL-0.4
稳压二极管	VD1	D Zener	Miscellaneous Devices. InLib	DIO10.46-5.3×2.8
电位器	Rp	POT3	自制	VR5
集成块	U1	P80C51UBPN	Philips Microcontroller 8 – Bit. IntLib	SOT129-1
集成块	U2	ADC0804CN	TI Converter Analog to Digital. IntLib	N020
电感	L1	Inductor	Miscellaneous Devices. InLib	AXIAL-0.4
晶振	Y1	XTAL	Miscellaneous Devices. InLib	BCY-W2/D3.1

根据图6-59绘制模拟信号采集电路原理图,元件的参数如表6-3所示,将原理图另存为"模拟信号采集电路.SCHDOC"。

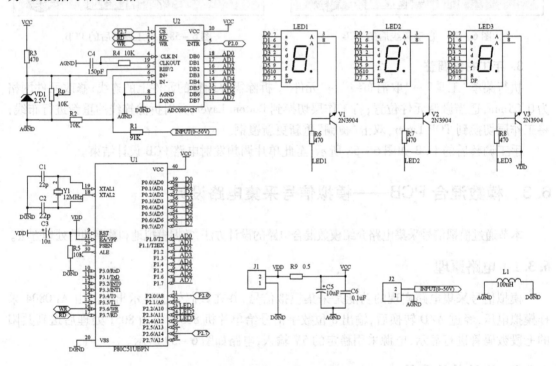

图6-59 模拟信号采集电路原理图

将自行设计的元件封装库设置为当前库,依次将原理图中的元件封装修改为表6-3中对应的封装形式,并将原来元件自带的封装删除,最后保存文件。

6.3.3 设计PCB时考虑的因素

该电路是模拟信号和数字信号混合的电路,由于数字电路工作在开关状态,开关时的脉冲会对附近电路造成干扰,因此需要采取措施防止数字部分对模拟部分的影响。电路采用双面板进行设计,设计时考虑的主要因素如下。

1）模拟和数字元件分开布置。

在布局时,需要考虑哪些属于模拟部分电路,哪些属于数字电路,两类元件要分开放置,防止互相干扰。

2）电源分离。

对于模拟和数字混合的电路来说,电源问题是一个重要的因素。模拟电源和数字电源通常要分开,以避免相互干扰。如果把数字电源与模拟电源重叠放置,会产生耦合效应,相互干扰。

在设计一些要求精度很高的电路时,模拟和数字部分最好单独供电,以消除脉冲开关对模拟电路的影响。对于一般的应用场合,为节约成本,可以采用电源分离的方式,把两者的供电电源分离开来。分离的方法是采用一个小阻值电阻进行隔离,同时把地线分开,如图 6 – 60 中的 R9。

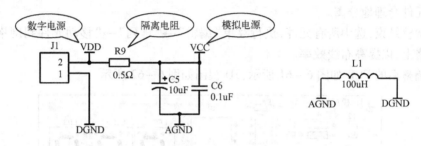

图 6 – 60 电源分离方法

该电源输入为数字电源 VDD,经过一个 0.5 Ω 电阻 R9 隔离后,分离出一个电源 VCC,可以作为模拟电源来用,同时地线也相应地分开。如有几个电源需要分开,可采用同样的方法进行分离。需要说明的是,采用这种分离方法只是把电源分成几个支路,并不是真正的隔离,如需完全隔离,必须采用两个独立电源单独供电。

3）地平面要分开。

在分离电源的同时,模拟地和数字地也要相应进行分离,以构成两个相互独立的地平面,保证信号的完整性。一般在电路上可以在电源入口处通过一个零值电阻或小电感连接进行简单分离,如图 6 – 60 中的 L1。

4）印制板的尺寸设置为 4340 mil × 2500 mil。

5）电源插座 J1 和模拟信号输入端插座 J2 放置在印制板的左侧。

6）该电路工作电流不大,故连线宽度可以选择细一些,电源线采用 25 mil,地线采用 30 mil,其余线宽采用 15 mil。

7）在印制板的四周设置 3 mm 的螺丝孔。

6.3.4 PCB 自动布局及调整

1. 规划 PCB

新建 PCB,并将该 PCB 文件保存为"模拟信号采集电路 . PCBDOC";设置单位制为 Imperial(英制);设置可视栅格 1、2 分别为 10 mil 和 100 mil;捕获栅格 X、Y,元件网格 X、Y 均为 10 mil,并将可视栅格 1(Visible Grid1)设置为显示状态;设置坐标原点为显示状态。

在 Keep out Layer(禁止布线层)上定义 PCB 的电气轮廓,尺寸为 4340 mil × 2500 mil;在板

的四周放置 4 个 120 mil 的定位孔。

2. 从原理图加载网络表和元件到 PCB

打开设计好的原理图文件"模拟信号采集电路. SCHDOC",执行菜单"设计"→"Update PCB Document 模拟信号采集电路. PCBDOC",将元件封装和网络表添加到 PCB 编辑器中,根据系统提示的警告信息检查电路是否存在实质性错误,并进行修改。

3. 元件自动布局

执行菜单"工具"→"放置元件"→"自动布局",屏幕弹出"自动布局"对话框,选择"分组布局",选中"快速元件布局"复选框,单击"确认"按钮,系统开始自动布局。

一般自动布局效果不佳,需要进行手工调整。

4. 手工布局调整

根据布局原则,通过移动元件、旋转元件等方法合理调整元件的位置,将数字部分元件与模拟部分元件合理地分离。

布局调整结束,选中所有元件,执行菜单"编辑"→"排列"→"移动元件到网格",将元件移动到网格上,以提高布线效率。

布局调整后的 PCB 如图 6-61 所示,3D 视图如图 6-62 所示。

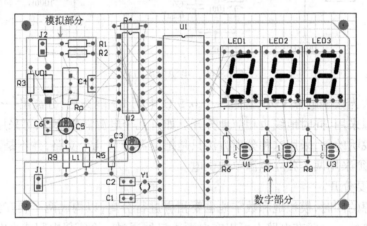

图 6-61 调整后的布局图

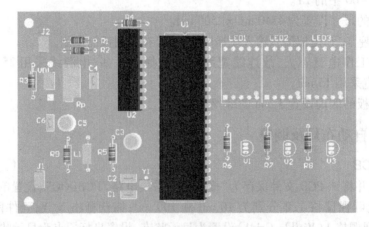

图 6-62 布局的 3D 图

6.3.5　PCB 自动布线及调整

1.　自动布线规则设置

执行菜单"设计"→"规则",屏幕弹出"PCB 规则和约束编辑器"对话框,进行自动布线规则设置,具体内容如下。

安全间距规则设置:VCC、VDD、AGND、DGND 网络为 15mil,其他对象为 10 mil;短路约束规则:不允许短路;布线转角规则:45°;导线宽度限制规则:AGND、DGND 网络为 30 mil,VCC、VDD 网络为 25 mil,其他网络为 15 mil,优先级依次降低;布线层规则:选中 Bottom Layer 和 Top Layer 进行双面布线;其他规则选择默认,单击"确认"按钮完成设置。

2.　自动布线

执行菜单"自动布线"→"全部对象",屏幕弹出"Situs 布线策略"对话框,单击"Route All"按钮对整个电路板进行自动布线,自动布线后的效果如图 6-63 所示。

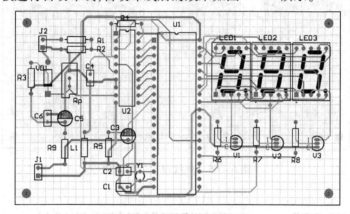

图 6-63　自动布线后的 PCB

3.　手工布线调整

从图 6-63 中可以看出,电路中存在较多的绕行走线,将影响电路的性能,可以通过增加过孔的方式进行双面布线转换,以减少走线的距离。

在进行手工布线调整时,可以减小元件网格,适当微调元件的布局,手工布线调整后的 PCB 如图 6-64 所示。

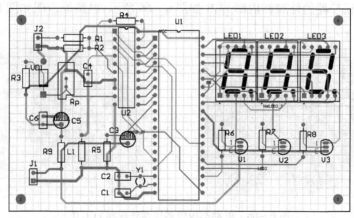

图 6-64　手工布线调整后的 PCB

6.3.6 模拟地和数字地的分隔

由于模拟信号采集电路是模拟信号和数字信号混合的电路,在进行元件布局时必须将模拟部分元件和数字部分元件分开布置,防止互相干扰;在电源上,通过小电阻 R9 把数字电源和模拟电源隔离;在地平面上将模拟地和数字地也做相应分离,在入口处通过小电感 L1 连接。

在本例中分别对模拟部分和数字部分进行覆铜,模拟部分的覆铜网络设置为 AGND,数字部分的网络设置为 DGND,两个部分要明显区分,保证平面的隔离,覆铜采用"影线化填充"形式,完成覆铜后的电路如图 6-65 所示,至此电路设计完毕。

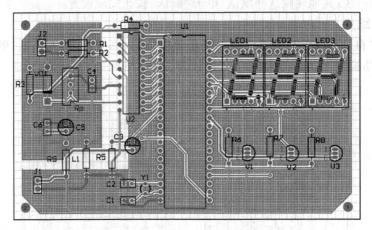

图 6-65　地线覆铜后的 PCB

6.4　贴片双面 PCB——电动车报警器遥控电路设计

本节通过电动车报警遥控电路介绍贴片双面异形 PCB 的设计,电路中使用印制导线作为电感,并设置为露铜以便通过上锡调整电感量。

6.4.1　产品介绍

电动车报警遥控器的外观和内部 PCB 如图 6-66 所示,电路原理图如图 6-67 所示。

图 6-66　电动车报警遥控器外观和 PCB 图

208

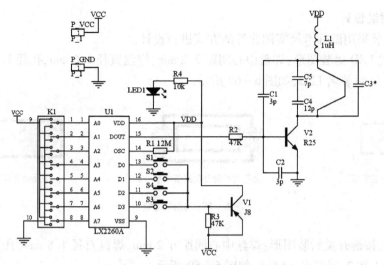

图6-67 电动车遥控报警器原理图

电路工作原理如下。

该遥控器采用 LA2260A 作为遥控编码芯片,其 A0 ~ A7 为地址引脚,用于地址编码,可置于"0"、"1"和"悬空"3 种状态,通过编码开关 K1 进行控制;遥控按键数据输入由 D0 ~ D3 实现,VD1 和 LED1 作为遥控发射的指示电路;当 S1 ~ S4 中有按键按下时,VD1 导通,为 U1 提供 VDD 电源,同时 LED1 发光,无按键按下时,VD1 截止,保持低耗;OSC 为单端电阻振荡器输入端,外接 R1;DOUT 为编码输出端,其编码信息通过 V2 发射出去。

电路采用印制导线做为发射电感,其电感量的变化可以改变印制导线上的焊锡的厚薄实现,该印制导线必须设置为露铜。

P_VCC 和 P_GND 为遥控器供电电池的连接弹片。

6.4.2 设计前准备

电动车报警遥控器体积很小,元件主要采用贴片式,个别元件在原理图库中不存在,所以必须重新设计个别元件的图形和元件封装,并为元件重新定义封装。

1. 绘制原理图元件

在原理图中,编码开关和遥控编码芯片 LX2260A 需要自行设计,元件图形如图 6-68 所示。

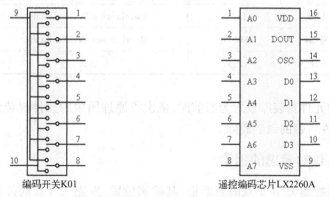

图6-68 自制原理图元件图形

2. 元件封装设计

元件的封装采用游标卡尺实测元件的方式进行设计。

1）通孔式 LED 封装图形：焊盘中心间距 2.2 mm，焊盘直径 1.6 mm，孔径 1.0 mm，焊盘编号分别为 1 和 2，封装名 LED，如图 6-69 所示。

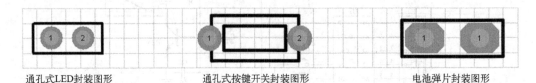

通孔式LED封装图形　　　　　通孔式按键开关封装图形　　　　　电池弹片封装图形

图 6-69　元件封装

2）通孔式按键开关封装图形：焊盘中心间距 6.2 mm，焊盘直径 1.8 mm，孔径 1.0 mm，焊盘编号分别为 1 和 2，封装名 KEY-1，如图 6-69 所示。

3）电池弹片封装图形：焊盘中心间距 3.8 mm，焊盘"X-尺寸"为 2.7 mm，"Y-尺寸"为 2 mm，"形状"为 Octagonal（八角形），孔径 1.3 mm，由于每个电池弹片两个固定脚均接于同一点，故两个焊盘编号均设置为 1，封装名 POW，如图 6-69 所示。

3. 原理图设计

根据图 6-67 绘制电路原理图，并进行检查，元件的参数如表 6-4 所示。

表 6-4　电动车报警遥控器元件参数表

元件类别	元件标号	库元件名	元件所在库	元件封装
贴片电容	C1-C5	Cap	Miscellaneous Devices. InLib	CC1608-0603
贴片电阻	R1-R4	RES2	Miscellaneous Devices. InLib	CR1608-0603
贴片电感	L1	Inductor	Miscellaneous Devices. InLib	INDC3216-1206
LX2260A	U1	LX2260A（自制）	自制	SO-16
编码开关	K1	K01（自制）	自制	无
高频三极管	V1	PNP	Miscellaneous Devices. InLib	SOT23
高频三极管	V2	NPN	Miscellaneous Devices. InLib	SOT23
发光二极管	LED	LED0	Miscellaneous Devices. InLib	LED（自制）
按键开关	S1-S4	SW-PB	Miscellaneous Devices. InLib	KEY-1（自制）
电池弹片	P_VCC、P_GND	P_1	自制	POW（自制）

将自行设计的元件封装库设置为当前库，依次将原理图中的元件封装修改为合适的封装形式，并将原来元件自带的封装删除。

6.4.3　设计 PCB 时考虑的因素

电动车报警遥控器 PCB 是双面异形板，其按键位置、发光二极管的位置必须与面板相配合。设计时考虑的主要因素如下。

1）根据面板特征定义好 PCB 的电气轮廓。

2）优先安排发射电路用的印制电感的位置，并设置为露铜，以便通过上锡改变电感量。

3）根据面板的位置，放置好遥控器 4 个按键的位置。

4）LED 置于板的顶端，并对准面板上对应的孔。

5）电池弹片正负级间的间距根据电池的尺寸确定，中心间距 20 mm，两边沿间距 28 mm。

6）为减小遥控器的体积，编码开关 K1 不使用实际元件，通过焊盘、过孔和印制导线的配合来实现编码功能，将其设计在编码芯片 LX2260A 的背面以便进行编码，通过过孔连接要进行编码的引脚，具体的编码可以在焊接时通过焊锡短路所需焊盘和过孔实现，需将该部分焊盘和过孔设置为露铜。

7）在空间允许的条件下，加宽地线和电源线。

8）为保证印制导线的强度，为焊盘和过孔添加泪滴。

电动车报警遥控器实物布局布线实物如图 6 - 70 所示。

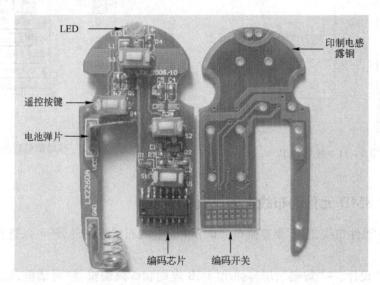

图 6 - 70　布局布线示意图

6.4.4　PCB 布局

1. 规划 PCB

采用公制规划尺寸，具体尺寸如图 6 - 71 所示。

图中可视栅格 1 为 1 mm，可视栅格 2 为 10 mm，均设置为显示状态，在 Keep out Layer 层绘制 PCB 的电气轮廓，在 Mechanical1 层定位发光二极管、按键和电池弹片的位置。

2. PCB 布局

对原理图文件进行编译，检查并修改错误。执行菜单"设计"→"Update PCB Document 电动车报警遥控器 . PCBDOC"，加载网络表和元件，忽略与编码开关 K1 有关的错误信息（为减小体积，该开关将用过孔和印制导线替代），修改其他错误。当无原则性错误后，单击"执行变化"按钮，将元件封装和网络表添加到 PCB 编辑器中。

执行菜单"工具"→"放置元件"→"自动布局"，屏幕弹出"自动布局"对话框，选择"分组布局",选中"快速元件布局"复选框,进行自动布局,一般自动布局效果不佳,需要手工调整。

根据布局原则,首先将发光二极管、按键和电池弹片移动到机械层1上已经确定的位置,然后通过移动元件、旋转元件等方法合理调整其他元件的位置。

布局调整结束,选中所有元件,执行菜单"编辑"→"排列"→"移动元件到网格",将元件移动到网格上,以提高布线效率,布局调整后的PCB如图6-72所示。

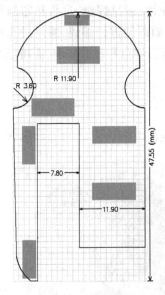

图6-71　规划PCB

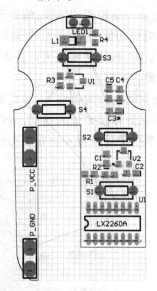

图6-72　布局调整后的PCB

6.4.5　有关SMD元件的布线规则设置

对于SMD元件布线,除了要遵循6.1.6节中设置的布线规则外,还可以进行SMD元件的布线规则设置。

执行菜单"设计"→"规则",屏幕弹出"PCB规则和约束编辑器"对话框,在左边的树形列表中列出了PCB规则和约束的构成和分支,如图6-19所示。

1. Fanout Control(扇出式布线规则)

扇出式布线规则是针对贴片式元件在布线时,从焊盘引出连线通过过孔到其他层的约束。从布线的角度看,扇出就是把贴片元件的焊盘通过导线引出来并加上过孔,使其可以在其他层面上继续布线。

单击"PCB规则和约束编辑器"的规则列表栏中的"Routing"项,系统展开所有的布线设计规则列表,选中其中的"Fanout Control"(扇出式布线规则),默认状态下包含5个子规则,分别针对BGA类元件、LCC类元件、SOIC类元件、Small类元件和Deafault(默认)设置,可以设置扇出的风格和扇出的方向,一般选用默认设置。本例中的元件属于Small类元件。

2. SMT元件布线设计规则

SMT元件布线设计规则是针对贴片元件布线设置的规则,主要包括3个子规则,选中图6-19所示的PCB规则和约束编辑器的规则列表栏中的"SMT"项,可以设置SMT子规则,系统默认为未设置规则。

（1）SMD To Corner（SMD 焊盘与拐角处最小间距限制规则）

此规则用于设置 SMD 焊盘与导线拐角的最小间距大小，如图 6-73 所示。

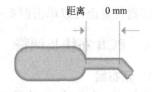

图 6-73　焊盘与导线拐角的间距

执行菜单"设计"→"规则"，屏幕弹出"PCB 规则和约束编辑器"对话框，单击"SMT"项打开子规则，用鼠标右键单击"SMD To Corner"子规则，系统弹出一个子菜单，选中"新建规则"，系统建立"SMD To Corner"子规则，单击该规则名称，编辑区右侧区域将显示该规则的属性设置信息，如图 6-74 所示。

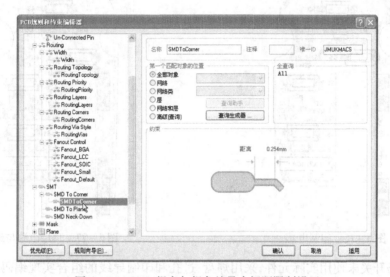

图 6-74　SMD 焊盘与拐角处最小间距限制设置

图中的"第一个匹配对象的位置"区中可以设置规则适用的范围，"约束"区中的"距离"用于设置 SMD 焊盘到导线拐角的最小间距。

（2）SMD To Plane（SMD 焊盘与电源层过孔间的最小长度规则）

此规则用于设置 SMD 焊盘与电源层中过孔间的最短布线长度。

用鼠标右键单击"SMD To Plane"子规则，系统弹出一个子菜单，选中"新建规则"，系统建立"SMD To Plane"子规则，单击该规则名称，编辑区右侧区域将显示该规则的属性设置信息，在"第一个匹配对象的位置"区中可以设置规则适用的范围，在"约束"区中的"距离"可以设置最短布线长度。

（3）SMD Neck-Down Constraint（SMD 焊盘与导线的比例规则）

此规则用于设置 SMD 焊盘在连接导线处的焊盘宽度与导线宽度的比例，可定义一个百分比，如图 6-75 所示。

在"第一个匹配对象的位置"区中可以设置规则适用的范围，在"约束"区中的"颈缩"可以设置焊盘宽度与导线宽度的比例，如果导线的宽度太大，超出设置的比例值，视为冲突，不予布线。

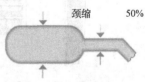

图 6-75　比例规则设置

所有规则设置完毕，单击下方的"适用"按钮确认规则设置，单击"确定"按钮退出设置状态。

规则设置也可以单击图 6 – 19 下方的"规则向导"按钮,根据屏幕提示进行设置。

6.4.6 PCB 布线及调整

1. 预布线

本例中印制电感、电池弹片的电源和地需要进行预布线,印制电感在底层进行布线,电源和地线则双面布线,布线采用印制导线和覆铜相结合的方式进行,如图 6 – 76 ~ 图 6 – 78 所示。

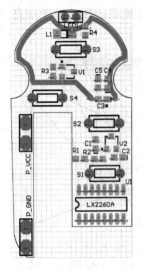

图 6 – 76　印制电感

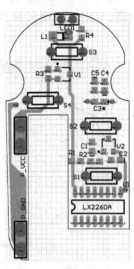

图 6 – 77　顶层电源与地

由于编码开关未使用实际元件,采用焊盘、过孔和印制导线的组合实现编码功能,必须进行预布线,编码开关在底层进行预布线,如图 6 – 79 所示。

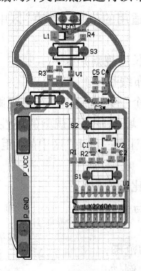

图 6 – 78　底层电源与地

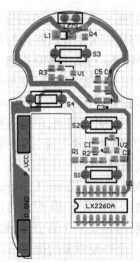

图 6 – 79　编码开关

编码开关的 PCB 设计时,在 LX2260A 的引脚 1 ~ 8 的正上方和正下方各放置 8 个矩形底层贴片焊盘,焊盘尺寸为 0.8 mm × 1 mm,并将上面一排 8 个焊盘连接在一起,与 VDD 网络相

214

连,下面一排 8 个焊盘连接在一起,与 GND 网络相连,在 LX2260A 的引脚上依次放置 8 个过孔,过孔尺寸为 0.9 mm,孔径为 0.6 mm,每个过孔上放置 1 个 0.8 mm × 1.7 mm 矩形底层贴片焊盘,以便在底层进行编码设置。

2. 自动布线规则设置

执行菜单"设计"→"规则",屏幕弹出"PCB 规则和约束编辑器"对话框,进行自动布线规则设置,具体内容如下。

安全间距规则设置:全部对象为 0.254 mm;短路约束规则:不允许短路;布线转角规则:45°;导线宽度限制规则:最小 0.35 mm,最大 1 mm,优选 0.6 mm;布线层规则:选中 Bottom Layer 和 Top Layer 进行双面布线;过孔类型规则:过孔尺寸 0.9 mm,过孔直径 0.6 mm;其他规则选择默认,单击"确认"按钮完成设置。

3. 自动布线及手工调整

执行菜单"自动布线"→"全部对象",屏幕弹出"Situs 布线策略"对话框,图中将显示 U1 的 1～8 脚的错误信息,忽略该信息(U1 的 1～8 脚为前面设置的编码开关),单击选中"锁定全部预布线"复选框锁定预布线,单击"Route All"按钮对整个电路板进行自动布线,系统弹出"Messages"窗口显示当前布线进程。

一般来说一次自动布线的结果并不能满足要求,可以调整布线策略,进行反复多次的布线,选择其中比较合理的布线结果,最后进行手工调整完成 PCB 布线,在调整过程中可以微调元件和预布线的位置以满足布线的要求,顶层贴片元件与底层连线的连接可以在焊盘上增加过孔实现。

手工调整后的 PCB 如图 6－80 所示。

4. 添加泪珠滴

执行菜单"工具"→"泪滴焊盘",屏幕弹出"泪滴选项"对话框,选中"全部焊盘"和"全部过孔"复选框,选中"圆弧"和"追加",单击"确认"按钮,系统自动添加泪滴,如图 6－81 所示。

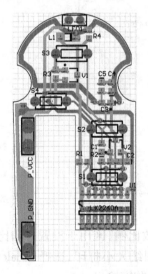

图 6－80　手工布线调整后的 PCB

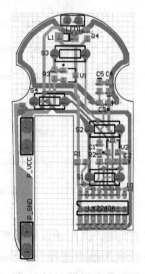

图 6－81　添加泪滴后的 PCB

215

6.4.7　露铜设置

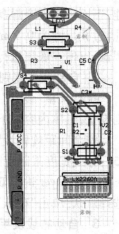

铜箔露铜一般是为了在过锡时能上锡,增大铜箔厚度,增大带电流的能力,通常应用于电流比较大的场合。

本例中的露铜主要是为了过锡使用,有两处必须设置露铜,即发射用的印制电感和编码开关的焊盘和过孔。

将工作层切换到底层阻焊层(Bottom Solder),在前述24个底层焊盘的位置放置略大于焊盘的矩形填充区;在印制电感的相应位置放置圆弧,这样在制板时该区域不会覆盖阻焊漆,而是露出铜箔,如图6－82所示,图中关闭了顶层,故只显示底层、通孔式元件、通孔式焊盘和过孔,至此PCB布线完毕。

图6－82　设置露铜

6.5　印制电路板输出

印制电路板设计完成后,就可以输出印制电路板的信息,一般需要输出PCB图和生产加工文件。

6.5.1　PCB图打印输出

PCB设计完成,一般要输出PCB图,以便进行人工检查和校对,同时也可生成文档保存。Protel DXP 2004 SP2即可打印输出一张完整的混合PCB图,也可以将各个层面单独打印输出。

1. 打印页面设置

执行菜单"文件"→"页面设定",系统弹出图6－83所示的打印页面设置对话框。

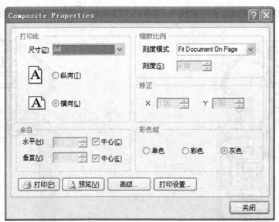

图6－83　打印页面设置

图中"打印纸"区用于设置纸张尺寸和打印方向;"缩放比例"区用于设置打印比例;在"刻度模式"下拉列表框中选择"Fit Document On Page"则按图纸大小打印,选择"Scaled Print"则可以在"刻度"栏中设置打印比例;"彩色组"区一般设置为灰度输出。

2. 打印层面设置

单击图6－83中的"高级…"按钮,屏幕弹出打印层面设置对话框,如图6－84所示。

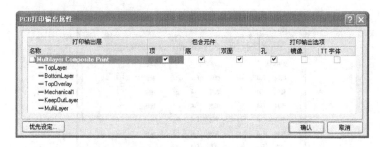

图 6 – 84　打印层面设置

图中系统已经自动形成一个混合图输出的设置,同时输出所有使用的层面。

如果用户要输出其他工作层,可在图中单击鼠标右键,屏幕弹出输出设置快捷菜单,选中其中的"插入打印输出"子菜单建立新的输出层面,系统自动建立一个名为"New PrintOut 1"的输出层设置,如图 6 – 85 所示,默认的输出层为空,用鼠标右键单击"New PrintOut 1",屏幕弹出输出设置快捷菜单,选中"插入层"可以插入需要输出的工作层。

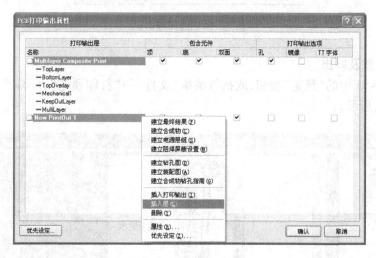

图 6 – 85　新建输出层

选中"插入层",屏幕弹出图 6 – 86 所示的"层属性"对话框,用于设置输出的工作层及其显示状态。

图中选中打印输出"Bottom Solder"(底层阻焊层)。

输出层设置完毕,单击"确定"按钮完成设置并退出对话框,此时"New PrintOut 1"的输出层设置为 Bottom Solder。

由于 PCB 板图文件是由多个板层内容层叠而成的,在打印输出时可以采用混合图打印和分层打印方式进行。混合图打印方式会将选定的板层内容层叠在一起打印输出,主要供设计者检查使用;分层打印方式是将各层分别打印,主要供制作电路板时使用。

是否要输出镜像图纸根据实际需要进行,若要输出镜像图可在图 6 – 85 中选中"镜像"下的复选框。

图 6 - 86　选择输出层

3. 打印预览及输出

单击图 6 - 83 中的"预览"按钮,或执行菜单"文件"→"打印预览",屏幕产生一个预览文件,如图 6 - 87 所示。

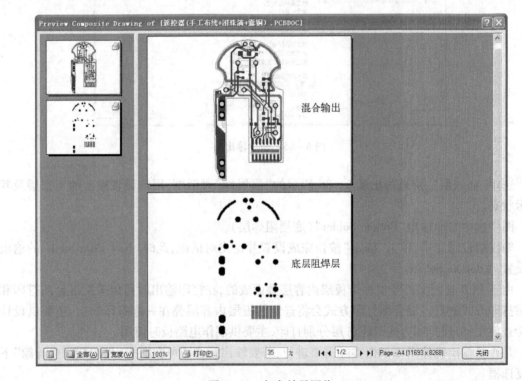

图 6 - 87　打印效果预览

图中 PCB 预览窗口显示输出的 PCB 图,由于前面设置了两张输出图,所以预览图中为两张输出图。

若对预览效果满意,可以单击图中的"打印"按钮,打印输出 PCB。

打印输出 PCB 也可以通过执行菜单"文件"→"打印"实现。

6.5.2 制造文件输出

PCB 设计完成后需要向 PCB 制作厂家提供生产加工的相关数据文件,这是 PCB 设计中的最后一个步骤。Protel DXP 2004 SP2 中提供有输出制造文件的相关命令,下面以输出 6.4 节中的电动车报警遥控器 PCB 的制造文件为例进行说明。

本例中需要输出的 PCB 制造文件包括:信号布线层的数据输出,丝印层的数据输出,阻焊层的数据输出,助焊层的数据输出和钻孔数据输出。

1. 光绘(Gerber)文件输出

打开电动车报警遥控器 PCB 文档,执行菜单"文件"→"输出制造文件"→"Gerber Files",屏幕弹出"光绘文件设定"对话框,如图 6-88 所示,在"单位"区中选择"毫米",在"格式"区中选择"4:2"。

单击图 6-88 中的"层"选项卡,屏幕弹出图 6-89 所示的输出层设置对话框,单击"绘制层"下拉列表框,选中"选择使用过的"选项,输出所有使用过的层。

图 6-88 光绘文件设定

图 6-89 输出层设置

单击图 6-88 中的"钻孔制图"选项卡,屏幕弹出图 6-90 所示的钻孔设置对话框,在"钻孔统计图"区中选中"TopLayer-BottomLayer",在"钻孔导向图"区中选中"TopLayer-BottomLayer",在"钻孔统计图标注符号"区中选中"图形符号标注",并将"符号尺寸"设置为 1.27 mm。

"光圈"选项卡和"高级"选项卡的内容采用系统默认。

所有参数设置完毕,单击"确认"按钮,系统输出 Gerber 文件,如图 6-91 所示。

图 6-90 钻孔设置

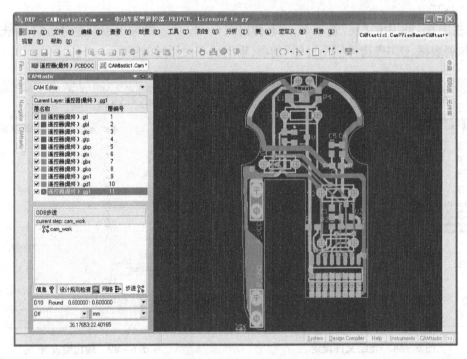

图 6-91 Gerber 文件

执行菜单"文件"→"输出"→"Gerber",屏幕弹出"输出 Gerber"对话框,如图 6-92 所示,选择"RS-274-X"格式,单击"设定"按钮,屏幕弹出一个对话框,将"单位"设置为"公制",其他默认。

单击图 6-92 中的"确认"按钮,屏幕弹出一个对话框,可以选择需要输出的 Gerber 文件和设置文件保存的文件夹,如图 6-93 所示。设置完毕,单击"确认"按钮,系统输出相应文件到指定文件夹中。

图 6 - 92 输出 Gerber 文件

图 6 - 93 设置输出文件和路径

2. 输出 NC 钻孔图形文件

在 PCB 文档状态下,执行菜单"文件"→"输出制造文件"→"NC Drill Files",屏幕弹出"NC 钻孔设定"对话框,如图 6 - 94 所示,在"单位"区中选择"毫米",在"格式"区中选择"4:2",其他默认。参数设置完毕单击"确认"按钮,系统弹出"输入钻孔数据"对话框,单击"确认"按钮,系统输出 NC 钻孔图形文件,如图 6 - 95 所示。

图 6 - 94 NC 钻孔设置

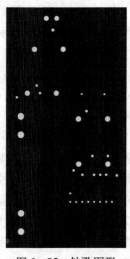

图 6 - 95 钻孔图形

一般情况下,在 PCB 制作时只需向生产厂家提供设计文档即可,具体的制造文件由制板厂家生成,如有特殊要求,用户必须做好说明。

6.6 实训

6.6.1 实训 1 流水灯 PCB 设计

1. 实训目的

1)进一步掌握布局布线的基本原则。

2）初步掌握自动布局、自动布线规则的设置。

3）掌握阵列式粘贴元件的方法。

4）掌握覆铜、露铜、泪滴的使用。

5）掌握设计规则检查的方法。

2. **实训内容**

1）事先准备好图6-1所示的流水灯原理图文件，并熟悉电路原理。

2）进入PCB编辑器，新建PCB"流水灯.PCBDOC"，新建元件库"PcbLib1.PcBLib"，根据图6-2、图6-3设计MC7805和复位按钮的封装形式。

3）载入Miscellaneous Device. IntLIB、Miscellaneous Connectors. IntLib、Philips Microcontroller 8-Bit. IntLib和自制的PcbLib1. PCBLib元件库。

4）编辑原理图文件，根据表6-1重新设置好元件的封装。

5）设置单位制为公制；设置可视栅格1、2分别为1 mm和10 mm；捕获栅格X、Y，元件网格X、Y均为0.5 mm。

6）规划PCB。PCB的机械轮廓半径51 mm，电气轮廓50 mm，如图6-4所示放置3个3 mm螺钉孔。

7）元件预布局。根据图6-8对16个发光二极管进行预布局，并将它们设置为锁定状态。

8）打开流水灯原理图文件，执行菜单"设计"→"Update PCB Document 流水灯.PCBDOC"加载网络表和元件，根据提示信息修改错误。

9）执行菜单"工具"→"放置元件"→"自动布局"进行元件自动布局，并根据布局原则和图6-15进行手工布局调整，减少飞线交叉。

10）元件预布线。如图6-17所示，为三端稳压集成块U2放置散热铜箔并设置为露铜，为晶振电路设置屏蔽覆铜。

11）执行菜单"设计"→"规则"，设置自动布线规则为：安全间距规则设置：0.254 mm，适用于全部对象；短路约束规则：不允许短路；导线宽度限制规则：GND的线宽为0.75 mm，VCC的线宽为0.65 mm，其他信号线的线宽为0.5 mm，优先级依次降低；布线层规则：双面布线；布线转角规则：45°拐弯；其他规则选择默认。

12）执行菜单"自动布线"→"全部对象"，屏幕弹出"Situs布线策略"对话框，选中"锁定全部预布线"前的复选框锁定预布线，单击"Route All"按钮对整个电路板进行自动布线。

13）根据图6-41进行手工布线调整，最后调整好元件丝网层的文字。

14）执行菜单"工具"→"泪滴焊盘"，为所有焊盘和过孔添加导线型泪滴。

15）执行菜单"工具"→"设计规则检查"对PCB进行检查，根据检查结果，修改PCB中存在的问题。

16）保存PCB文件和项目文件。

3. **思考题**

1）如何添加泪滴？

2）如何进行DRC检查？

3）如何设置露铜？

4）网络飞线是否为实际连线？叙述网络飞线的作用。

6. 6. 2　实训 2　高频 PCB 设计

1. 实训目的

1）掌握高频 PCB 布局布线的基本原则。

2）进一步掌握自动布局、自动布线规则的设置。

3）学习使用地平面。

2. 实训内容

1）事先准备好图 6 - 47 所示的单片调频发射电路原理图文件，并熟悉电路原理。

2）进入 PCB 编辑器，新建 PCB"单片调频发射 . PCBDOC"，新建元件库"PcbLib1. PcBLib"，根据图 6 - 48 ~ 图 6 - 51 设计立式电阻、电解电容、电感线圈和电位器的封装形式。

3）载入 Miscellaneous Device. IntLIB 自制的 PcbLib1. PcBLib 元件库。

4）编辑原理图文件，根据表 6 - 2 重新设置好元件的封装。

5）设置单位制为公制；设置可视栅格 1、2 分别为 1 mm 和 10 mm；捕获栅格 X、Y，元件网格 X、Y 均为 0. 5 mm。

6）规划 PCB，电气轮廓为 50 mm × 40 mm。

7）打开单片调频发射电路原理图文件，执行菜单"设计"→"Update PCB Document 单片调频发射 . PCBDOC"加载网络表和元件，根据提示信息修改错误。

8）执行菜单"工具"→"放置元件"→"自动布局"进行元件自动布局，并根据布局原则和图 6 - 53 进行手工布局调整，减少飞线交叉。

9）地平面设置。将当前工作层设置为 TOP Layer（顶层），执行菜单"放置"→"覆铜"，设置"填充模式"为"实心填充（铜区）"，设置"连接到的网络"为"GND"，并选中"Pour Over All Same Net Objects"，设置完毕，单击"确认"按钮完成覆铜属性设置。

单击鼠标左键，如图 6 - 56 所示，在离板四周 1mm 放置矩形覆铜。

10）执行菜单"设计"→"规则"，设置自动布线规则为：安全间距规则设置：0. 254 mm，适用全部对象；短路约束规则：不允许短路；导线宽度限制规则：所有线宽 1 mm；布线层规则：选中 Bottom Layer，去除 Top Layer 的选中状态，相当于单面布线；布线转角规则：45°；其他规则选择默认。

11）执行菜单"自动布线"→"全部对象"，屏幕弹出"Situs 布线策略"对话框，选中"锁定全部预布线"前的复选框锁定预布线，单击"Route All"按钮对整个电路板进行自动布线。

12）根据图 6 - 58 进行手工布线调整，调整结束更新地平面，并调整好元件丝网层的文字。

13）保存 PCB 文件和项目文件。

3. 思考题

1）如何设置地平面？

2）微调元件布局后如何更新地平面？

6. 6. 3　实训 3　模数混合电路 PCB 设计

1. 实训目的

1）掌握模数混合 PCB 布局布线的基本原则。

2）进一步掌握自动布局、自动布线规则的设置。

3）掌握模地和数地的分隔方法。

2. 实训内容

1）事先准备好图6-59所示的模拟信号采集电路原理图文件,并熟悉电路原理。

2）进入 PCB 编辑器,新建 PCB"模拟信号采集.PCBDOC",新建元件库"PcbLib1.PcBLib",根据图6-49设计电解电容的封装 RB.1/.2。

3）载入 Miscellaneous Device.IntLIB、Philips Microcontroller 8-Bit.IntLib、TI Converter Analog to Digital.IntLib 和自制的 PcbLib1.PcBLib 元件库。

4）编辑原理图文件,根据表6-3重新设置好元件的封装。

5）设置单位制为英制;设置可视栅格1、2为10 mil 和100 mil;捕获栅格 X、Y,元件网格 X、Y 均为10 mil。

6）规划 PCB,电气轮廓为4340 mil×2500 mil。

7）打开模拟信号采集电路原理图文件,执行菜单"设计"→"Update PCB Document 模拟信号采集.PCBDOC"加载网络表和元件,根据提示信息修改错误。

8）执行菜单"工具"→"放置元件"→"自动布局"进行元件自动布局,并根据布局原则和图6-61进行手工布局调整,减少飞线交叉,注意模拟部分元件和数字部分元件的分离。

9）执行菜单"设计"→"规则",设置自动布线规则为:安全间距规则设置:VCC、VDD、AGND、DGND 网络为15 mil,其他对象为10 mil;短路约束规则:不允许短路;布线转角规则:45°;导线宽度限制规则:AGND、DGND 网络为30 mil,VCC、VDD 网络为25 mil,其他网络为15 mil,优先级依次降低;布线层规则:选中 Bottom Layer 和 Top Layer 进行双面布线;其他规则选择默认。

10）执行菜单"自动布线"→"全部对象",屏幕弹出"Situs 布线策略"对话框,单击"Route All"按钮对整个电路板进行自动布线。

11）根据图6-64进行手工布线调整,并调整好元件丝网层的文字。

12）根据图6-65,分别为模拟地和数字地设置覆铜。

13）保存 PCB 文件和项目文件。

3. 思考题

1）如何实现电源和地线的分离?

2）如何分隔数字地和模拟地?

3）如何在同一种设计规则下设定多个限制规则?

6.6.4 实训4 贴片双面异形 PCB 设计

1. 实训目的

1）熟练掌握 PCB 布局布线的基本原则。

2）熟练掌握元件自动布局、自动布线规则的设置。

3）掌握印制电感的使用方法。

4）进一步掌握露铜的使用。

5）掌握打印预览的方法。

2. 实训内容

1）事先准备好图 6 – 67 所示的电动车遥控报警器原理图文件，并熟悉电路原理。

2）进入 PCB 编辑器，新建 PCB"遥控器. PCBDOC"，新建元件库"PcbLib1. PcBLib"，根据图 6 – 69 设计 LED、按键开关和电池弹片的封装。

3）载入 Miscellaneous Device. IntLIB 和自制的 PcbLib1. PcBLib 元件库。

4）编辑原理图文件，根据表 6 – 4 重新设置好元件的封装。

5）设置单位制为公制；设置可视栅格 1、2 分别为 1 mm 和 10 mm；捕获栅格 X、Y，元件网格 X、Y 均为 0.5 mm。

6）根据图 6 – 71 规划 PCB 电气轮廓，在 Mechanical1 层定位发光二极管、按键和电池弹片的位置。

7）打开电动车遥控报警器原理图文件，执行菜单"设计"→"Update PCB Document 遥控器. PCBDOC"加载网络表和元件，根据提示信息修改错误。

8）执行菜单"工具"→"放置元件"→"自动布局"进行元件自动布局，并根据布局原则和图 6 – 72 进行手工布局调整，减少飞线交叉，注意将发光二极管、按键和电池弹片放置到指定位置。

9）执行菜单"设计"→"规则"，设置自动布线规则为：安全间距规则设置：全部对象为 0.254 mm；短路约束规则：不允许短路；布线转角规则：45°；导线宽度限制规则：最小 0.35 mm，最大 1 mm，优选 0.6 mm；布线层规则：选中 Bottom Layer 和 Top Layer 进行双面布线；过孔类型规则：过孔尺寸 0.9 mm，过孔直径 0.6 mm；其他规则选择默认。

10）根据图 6 – 76、图 6 – 77、图 6 – 78 和图 6 – 79 分别对印制电感、电源、地及编码开关进行预布线。

11）执行菜单"自动布线"→"全部对象"，选中"锁定全部预布线"复选框，单击"Route All"按钮对整个电路板进行自动布线，并根据图 6 – 80 进行手工布线调整。

12）根据图 6 – 81 为所有焊盘和过孔添加导线型泪滴。

13）根据图 6 – 82 为印制电感和编码开关设置底层露铜。

14）保存 PCB 文件和项目文件。

15）执行菜单"文件"→"打印预览"，预览 PCB。

3. 思考题

1）露铜有何作用？ 如何设置底层露铜？

2）如何设置 SMD 元件布线规则？

6.7 习题

1. 简述印制板自动布线的流程。

2. 为什么在自动布线前要锁定预布线？ 如何锁定预布线？

3. 如何在电路中添加泪滴？

4. 如何设置露铜？

5. 如何在同一种设计规则下设定多个限制规则？

6. 根据图 2 – 112 ~ 图 2 – 117 所示的功放电路，采用自动布线方式设计单面印制板，注意同类型电路的对称布线。

7. 根据图 2－119 所示的稳压电源电路,采用自动布线方式设计单面 PCB。

8. 根据图 2－118 所示的存储器电路,采用自动布线方式设计双面 PCB。

9. 根据图 6－96 所示的单片机小系统部分电路设计双面印制板。

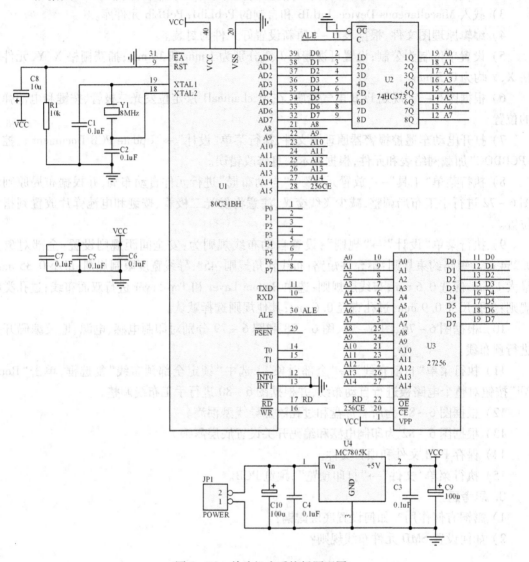

图 6－96　单片机小系统板原理图

元件说明:

元件中电容 C8、晶体 Y1、三端稳压块 7805、接插件 JP1 采用通孔式封装,其余元件采用贴片式封装。

设计印制板时考虑的因素:

1) 该电路是一个数字电路,工作电流较小,故连线宽度可以选择细一些,电源线采用 30 mil,地线采用 50 mil,其余线宽采用 10 mil。

2) 印制板的尺寸设置为 2500 mil × 1900 mil。

226

3）集成电路 U1、U2、U3 的滤波电容 C5、C6、C7 就近放置在集成块的电源端,以提高对电源的滤波性能。

4）电源插排 JP1 放置在印制板的左侧。

5）由于晶振电路是高频电路,应禁止在晶振电路下面的底层(Bottom Layer)走信号线,以免相互干扰。在双面板中可以在晶振电路底层设置接地的铺铜,减少高频噪声。

6）在印制板的四周设置 3 mm 的螺钉孔。

附录　书中非标准符号与国标的对照表

元器件名称	书中符号	国标符号
电解电容		
电解电容		
普通二极管		
稳压二极管		
晶闸管		
线路接地		
与非门		
非门		

参　考　文　献

［1］　郭勇,徐昌华,王毅东,卓树峰.EDA 技术基础［M］.2 版.北京:机械工业出版社,2005.
［2］　郭勇,董志刚.Protel 99 SE 印制电路板设计教程［M］.北京:机械工业出版社,2004.
［3］　鲁捷,焦振宇,孟凡文,徐益清.Protel DXP 电路设计基础教程［M］.北京:清华大学出版社,2005.
［4］　张义和,陈敌北,周金圣.例说 Protel 2004［M］.北京:人民邮电出版社,2006.
［5］　陈学平,兰帆,胡勇.Protel 2004 电路设计与电路仿真［M］.北京:清华大学出版社,2007.

精品教材推荐

计算机电路基础

书号：ISBN 978-7-111-35933-3

定价：31.00 元　作者：张志良

推荐简言：

　　本书内容安排合理、难度适中，有利于教师讲课和学生学习，配有《计算机电路基础学习指导与习题解答》。

高级维修电工实训教程

书号：ISBN 978-7-111-34092-8

定价：29.00 元　作者：张静之

推荐简言：

　　本书细化操作步骤，配合图片和照片一步一步进行实训操作的分析，说明操作方法；采用理论与实训相结合的一体化形式。

汽车电工电子技术基础

书号：ISBN 978-7-111-34109-3

定价：32.00 元　作者：罗富坤

推荐简言：

　　本书注重实用技术，突出电工电子基本知识和技能。与现代汽车电子控制技术紧密相连，重难点突出。每一章节实训与理论紧密结合，实训项目设置合理，有助于学生加深理论知识的理解和对基本技能掌握。

单片机应用技术学程

书号：ISBN 978-7-111-33054-7

定价：21.00 元　作者：徐江海

推荐简言：

　　本书是开展单片机工作过程行动导向教学过程中学生使用的学材，它是根据教学情景划分的工学结合的课程，每个教学情景实施通过几个学习任务实现。

数字平板电视技术

书号：ISBN 978-7-111-33394-4

定价：38.00 元　作者：朱胜泉

推荐简言：

　　本书全面介绍了平板电视的屏、电视驱动板、电源和软件，提供有习题和实训指导，实训的机型，使学生真正掌握一种液晶电视机的维修方法与技巧，全面和系统介绍了液晶电视机内主要电路板和屏的代换方法，以面对实用性人才为读者对象。

电力电子技术　第2版

书号：ISBN 978-7-111-29255-5

定价：26.00 元　作者：周渊深

获奖情况：普通高等教育"十一五"国家级规划教材

推荐简言：本书内容全面，涵盖了理论教学、实践教学等多个教学环节。实践性强，提供了典型电路的仿真和实验波形。体系新颖，提供了与理论分析相对应的仿真实验和实物实验波形，有利于加强学生的感性认识。